帕茨沃斯基与弗里奇
PACZOWSKI & FRITSCH ARCHITECTS
建筑设计作品集

[卢森堡]帕茨沃斯基与弗里奇建筑事务所 / 编著　　赵 婧 / 译

帕茨沃斯基与弗里奇
PACZOWSKI & FRITSCH
ARCHITECT
建筑设计作品集

广西师范大学出版社
·桂林·

images
Publishing

图书在版编目(CIP)数据

帕茨沃斯基与弗里奇建筑设计作品集/卢森堡帕茨沃斯基与弗里奇建筑事务所编著;赵婧译.—桂林:广西师范大学出版社,2018.6

(著名建筑事务所系列)

ISBN 978 – 7 – 5598 – 0758 – 8

Ⅰ.①帕… Ⅱ.①卢… ②赵… Ⅲ.①建筑设计－作品集－卢森堡－现代 Ⅳ.①TU206

中国版本图书馆 CIP 数据核字(2018)第057080 号

出 品 人:刘广汉
责任编辑:肖 莉
助理编辑:季 慧
版式设计:吴 茜

广西师范大学出版社出版发行

(广西桂林市五里店路9号　　　邮政编码:541004)
(网址:http://www.bbtpress.com)

出版人:张艺兵

全国新华书店经销

销售热线:021 – 65200318　021 – 31260822 – 898

恒美印务(广州)有限公司印刷

(广州市南沙区环市大道南路334 号　邮政编码:511458)

开本:635mm×965mm　　　1/8

印张:32　　　　　字数:40 千字

2018 年6 月第1 版　　2018 年6 月第1 次印刷

定价:268.00 元

CONTENTS 目录

优秀的建筑依然存在

同其他领域一样，在当今建筑界中，创意性占有绝对优势。从合理的角度来看，雕刻家里查·塞拉称"建筑与艺术的差别就在于建筑致力于一个特定的目标"。然而一座博物馆或实验室也同样能致力于一个特定的目标，其如今的形式更趋近于艺术而非建筑。个人风格的表达对创意性和新颖性近乎恣意的尝试，有时会凌驾于对用户和环境的考量。那么，什么样的建筑能被称为"优秀"的建筑呢？尽管这样的问题能引出无尽的争论，但不可否认的是，建筑过程中忠实于既定的目标对于达成此目标大有助益。除此之外，还要考虑许多其他的标准，例如是否高效，成本如何以及节能技术的使用等。建筑怎样适应场地，与周遭环境是否冲突，以及能否在不破坏城市构造的前提下成功地创造地标感？最好的建筑都经受住了时间的考验。尽管其中一些建筑的用途已经超越了建造初衷，但显然它们的某些特质，如比例或本身的设计值得保留，并且这些特质与现代世界不存在不可调和的矛盾。优秀的建筑依然存在。

三而为一

博赫丹·帕茨沃斯基于1930年出生于波兰华沙，1949至1955年期间在克拉科夫工业大学学习并于1956年获得了建筑学硕士学位，1954至1960年在克拉科夫艺术学院担任助教，1968年获得米兰理工大学文凭，1972年成为意大利公民，并在1960年首次与路易吉·卡洛·达内和贝内地托·雷西澳在热那亚共事。1973年，他在米兰创建了欧尼阿克公司，并设计了位于卢森堡的欧盟委员会让莫奈大楼。1982年，他与让弗朗索瓦·贝隆和彼得·苏宝达在巴黎创建了贝隆－帕茨沃斯基－苏宝达建筑事务所。公司在巴黎的两个项目奥贝维利埃综合医院以及科钦医院总务楼及国家健康与医学研究院实验等项目中竞标成功，并赢得了法国贡皮埃涅市综合医院项目。帕茨沃斯基在《今日建筑》上发表了关于建筑历史及理论的论文，并在其他杂志上发表了《建筑评论》。同时，他也是卢森堡建筑师及工程师协会的联合创始人之一。经过12年不定时的与保罗·弗里奇的合作，1989年，他们联合成立了帕茨沃斯基与弗里奇建筑事务所。

保罗·弗里奇于1943年出生于卢森堡。他于1964—1970年在布鲁塞尔的ISA　St-Luc学习建筑，并于1970年获得了文凭。1972年，他与St-Luc的同事琼·艾尔和吉尔伯特·怀比希特成立了建筑环境公司，而此前他就职于雷内史泰博工作室（布鲁塞尔，1971年）。

1976年，他们在一次20组住房工程竞标的活动中胜出，这些住房是为卢森堡一个遭受了煤气爆炸的地区居民准备的。1989年，保罗·弗里奇承接了为视觉残障人士建造住房的项目并获得了HELIOS奖。他的儿子马塞尔斯·弗里奇于1972年出生于卢森堡，并先后在ISA St-Luc（布鲁塞尔，1993—1995年）和ISAI Victor Horta（布鲁塞尔，1995—1998年）两所大学学习建筑。在2001年以建筑师身份加盟帕茨沃斯基与弗里奇建筑事务所之前，马塞尔斯·弗里奇于1998—2001年就职于巴黎的多米尼克佩罗工作室，并于2003年成为工作室的第三位合伙人。

博赫丹·帕茨沃斯基去世后，保罗·弗里奇也决定要将工作重心转向瑞士，马塞尔斯·弗里奇于2017年成为工作室唯一的主管合伙人。除了年龄及国籍的区别，工作室的三位合伙人通过如下一系列杰出的项目奠定了杰出建筑师的地位：卢森堡芬德尔机场（A航站楼）以及欧洲法院（1996-2009），后者为与多米尼克佩罗工作室合作完成。他们参加了许多比赛，承接了1992年在西班牙塞维利亚举办的世博会卢森堡展览馆以及位于法国洛里昂的前潜艇基地改造工程，2009年，击败了诺曼·福斯特及克里斯蒂安·德·波特赞姆巴克承接了卢森堡塞尚的新国际火车站项目；在300名竞争者中脱颖而出赢得了波兰华沙的历史博物馆项目。

卢森堡拥有586平方千米的国土面积及将近50万人口，拥有全世界最高的人均GDP。许多欧盟分支机构及重要金融中心坐落于此。尤其是在基希贝格地区，静静的矗立着许多现代建筑，与这个国家的历史和传统和谐共存。总之，卢森堡对于建筑师来说并不是一个不祥之地，即使在是欧洲其他地区遭遇经济低迷时亦是如此。帕茨沃斯基与弗里奇建筑事务所于2010年乔迁到Val Sainte-Croix的一幢800平方米的办公楼中，不远处就是城市中心及基希贝格地区。三位合伙人都有在单独的大办公桌旁工作的习惯。保罗·弗里奇说，"我喜欢这里是因为这里有真正意义

的独立空间，每一层及每个工作区域都是不同的，每个人都在不同的区域工作，与此同时我们却是一体的。过去我们在不同楼层的两个旧房间中工作，情况比较复杂。"[1]设计师针对不同的项目，他们的工作方法也会相应有所不同。马塞尔斯·弗里奇说："我们经常参加比赛，每逢参加比赛时我们都会聚在一起讨论。"[2]在大方向相同的前提下，每名设计师都提出不同的方案。博赫丹·帕茨沃斯基喜欢将理念通过素描表达出来，马塞尔斯·弗里奇则喜欢做出实体模型。最后，保罗·弗里奇用他代表性的幽默方式总结道："我是思想者，博赫丹画图，马塞尔斯制作模型。"2015年，工作室搬迁到了一幢三层楼的木工工作室，地址位于城市东南区域的博纳瓦，高卢街26号。

出发的理念

谈及他们早期的作品，帕茨沃斯基说："就拿塞维利亚展示馆为例，保罗和我将设计理念定位为倾斜的螺旋状的建筑。当我们开始一项议题时首先会见到一张白纸，如果你不开始构图则永远无法开始。当然你还需要考虑客户，地点以及整个项目的整体性，但是开始构图是开始项目的第一步。这也是我毕生所秉承的观点。"[3]帕茨沃斯基与弗里奇建筑事务所于1990年在公开招标中赢得了为1992年世博会设计国家展示馆的权利，而此次项目的客户为卢森堡国家经济部。外观设计的三个基本元素为可视的倾斜系统，可视的钢结构以及天花板上的抛物线形天线。这三个特征形象地体现了该国呈上升趋势的经济发展曲线以及钢

铁和通信行业。展馆内部设计则由工作室与巴黎的拉维莱特大展厅的约兰德·巴考和克里斯汀·加伊·贝莱共同完成的。展馆庞大的内部结构被设计为圆环环绕的球星结构，这部分是由著名的比利时漫画家弗朗索瓦·史其顿与巴黎的蓝光设计室设计师伊夫·马歇尔和多米尼克·布莱恩德共同设计完成的。保罗·弗里奇回忆道："我们可以使用的场地很小，如果我们建立一个平面的场馆没人会注意到，所以我们必须将建筑拔高。"

工作室另一个标志性的项目是卢森堡芬德尔机场。建筑师们将这座占地4.3万平方米、耗资162万法郎的机场构思为通往卢森堡的"通道"。项目的复杂之处在于改造过程中机场仍需要继续运营。他们称他们的任务是"将机场构想为一个灵活的空间，人们可以在其中展开活动。在兼顾功能性、私密性及经济需求的同时赋予芬德尔机场一个可辨识的身份，并展现国家的文化和技术职能"。机场项目包含一个适用于中大型飞机的航站楼、商店、饭店以及其他必备的基础设施。他们对项目独到的解读使工作方向更加明确，也更突出了他们眼中"优秀"建筑的概念。博赫丹·帕茨沃斯基称："在机场项目上我们踌躇了很久，最终我们采纳了马克·欧杰的'非场所'概念来开启这个项目。[4]他口中的非场所都与旅行必备的基础设施相关，如火车站或机场，以及汽车、火车还有飞机，等等。非场所的概念在定义上与住所相对，准确地说非场所指的并不是某一个特定地点。人们通常将机场视为无特征无特殊意义的场合，我们试图通过这个项目转变人们的想法。我们

的灵感来自于每天都会发生在机场里的事，告别以及见面寒暄，人们并不是只停留在他们自己的家里，他们也生活在公共的空间中。当人们穿过机场内部的桥梁到达饭店或者观看飞机时，他们就接近了与非场所相对的场所这个理念。"随着机场交通流量的增大，在2017年本书出版时，公司正在对机场进行改造，将该航站楼与原有建筑进行连接。

场所的概念

帕茨沃斯基将他对无场所理念的理解引用到了机场的具体事例中，并展示了他及他的合伙人是如何达到这一理念的。"为生活而设计，创造可供居住的场所是我们工作的本质特征。"他说，"有些机场，如慕尼黑机场就是让人觉得愉快的机场，相反其他机场，如法兰克福机场则不会给人这一的感觉，人们可以明显感觉到两者的差别。在好的建筑中，人们愿意在此度过生命的某个瞬间，而在不好的建筑中，人们只想尽快逃离此地。在法兰克福机场，空间比较混乱，人们常常失去方向感。我们并不想将项目打造成通过箭头来指示方向的机场，而是想创造一个空间，让身处其中的人们知道自己在哪里并将去到哪里。人们可以享受充足的自然光线，能看到所有室外的景色，且不会被困在一个封闭的空间内。室内同样也使用了木质材料，天花板为崧蓝绿色，给人们带来水上环境的感觉，与木质的温暖感形成反差。很少有人会分析这样的现象，但这让他们觉得很舒服。"[5]帕茨沃斯基与弗里奇建筑事务所设

计的机场实际上是朴素的，但是又充满了轻松明亮的感觉。马塞尔斯·弗里奇解释道："我认为卢森堡机场让人觉得舒适的原因在于其中的建筑连贯性及秩序性。"保罗·弗里奇总结道："人们从始至终都知道自己身处何方，不会觉得处在一个不舒服的空间。"

这一理念被演绎成不同的形式，并巧妙的体现在公司参与的其他标志性项目中，最有直观代表性的就是欧盟法院项目。欧盟法院成立于1951年，是欧盟的核心机构。其永久性总部位于卢森堡城市上方的基希贝格高原。法院的基础设施竣工于1974年，主要成分为特种耐蚀钢，由建筑师肯则缪斯、来马妮及范德埃尔斯特共同完成，是基希贝格高原上早期的标志性建筑之一。

在这一时期，欧洲共同体只有6个成员国。随后，法院不得不于1988年、1993年及1994年多次扩建。1985年至1996年期间的扩建是由帕茨沃斯基与弗里奇建筑事务所以及琼·艾尔、吉尔伯特·怀比希特、伊萨贝尔·范·德力西等设计师和卢森堡保罗·伍兹及霍赫特夫工作室共同完成的。已故的博赫丹·帕茨沃斯基说："项目的构思是给耐蚀轻钢主体建造一个由布列塔尼玫瑰红花岗岩制成的坚固地基。"设计师将石头地基比喻为"处于下方的城市"，而被称为"城堡"的位于高处的立方体建筑则被比作法院和基希贝格高原的哨站，朝向红桥及城市中心，且该部分建筑正是大审判庭所在处。该项目最近一次扩建（2004—2008）是由帕茨沃斯基与弗里奇建筑事务所与

多米尼克佩罗和m3建筑师事务所共同完成的。这个耗资5亿法郎的项目是工作室在1996年国际方案征集中竞标得到的。帕茨沃斯基说："佩罗给这个复合体添加了一个24层107米高的高塔，这些附加物的形状，建筑材料的选取以及整体色彩规模与之前的建筑形成了一个连贯和谐的整体，通过叠加及连续的层级关系表现出了欧洲城市发展的历程。"

结实完美的比例

工作室其他比较著名的作品包括位于机场对面的毗邻艾尔高夫–喜来登酒店的艾尔高夫中心（1997—2000）。这幢1.36万平方米的建筑包含写字间、会议室以及地下停车场。每个拐角处都有逻辑合理的铰链状网格设计外观，处处体现出长水平线，并在临近主入口的网格处设置了双倍尺寸的通道。建筑的一个石质立面正对机场，主体部分为光滑的金属结构，面向一座公园。内部装饰则采用的石头、大理石、精制木头以及不锈钢。方案中设计了不同尺寸的办公空间，从250平方米到1.25万平方米不等。办公区有四部电梯以及四步步梯。基于能源的考虑，建筑采用了三倍封釉，灵活性及能效型成为该设计的显著特征。

另一个显著体现灵活性的建筑就是岩盖（盖斯佩里奇·科罗切，卢森堡，1998—2002年）。该建筑位于工业区，项目的设计主旨为"赋予这座为无数'无特征'租客设计的行政楼以显著的特征"。正如设计师所说："建筑结构简单明了的意义在于坚持功能清晰这一原则。"这一次，

9

帕茨沃斯基与弗里奇建筑事务所此次面临的任务是创造出一个基本主题为变化和匿名性的建筑。这一混凝土结构的建筑地上面积为13 450平方米，地下面积为11 600平方米（300个泊位）。建筑采用低辐射玻璃及百叶窗来阻挡阳光。大楼有12个租赁单位，其中4个通过同一个入口进出，另外8个则从设计成双倍空间的另一入口进出。主出入口设计成室内庭院的样式，另一个庭院则充当了花园，入口由喷砂玻璃华盖连接。这一设计着意于强调建筑的基础"永恒"的元素——优雅高贵的圆柱状门廊，庭院以及大面积的玻璃窗。建筑师指出该项目能够成功也得益于客户与建筑师之间的相互理解和尊重。

帕茨沃斯基与弗里奇建筑事务所将他们一贯秉承的实用的现代手法应用于卢森堡以外的其他项目，如水塔项目（位于比利时布鲁塞尔，2002—2006年）。值得注目的是，这是首批使用钢筋混凝土建造的水塔之一。最初的铁栅栏都已生锈变形并对混凝土造成了破坏。后来建筑师发现生锈部位并不深，可以剥去部分混凝土去除生锈部位并修复破损部位，这个500立方米的蓄水池在重新设计后便投入到生活使用中。建筑师们拆掉了大片的混凝土并采用玻璃作为替代品。水塔采用精钢作为建筑物立面，从而保留了整体的工业化外观。孔状的耐蚀钢屏保护着原有蓄水池圆筒的东西两侧，新建的写字间及公寓楼则构成了一个和谐的复合体。

此外，建筑师们还完成了另一个风格迥异的项目，即建造了一座老人之家（位于卢森堡梅尔施，2006—2007年）。

这座占地6500平方米的项目位于贝尔斯巴赫梅尔施的盲人协会，设计目的为填补现有建筑的不足。建筑师们声称大楼是由许多结实的比例良好的矩形构成的。建筑立面由石棉水泥（纤维水泥板）构成并与附近其他建筑物相连。红黑表面在楼体中占主要比例。建筑结构包含33间为老人和残疾人设计的公寓。艺术家夏洛特·马查尔的彩色混凝土作品也体现在了这个项目中。

建筑师也常常承接小面积的项目，项目范围包括了卢森堡的私人房屋以及精品服装店等。他们的工作室（2007年）位于卢森堡中心的一座小镇里，选址在一个倾斜的场地。设计的理念为最大化的欣赏周围景色的同时又保护隐私性。起居室与花园位于同一层，私人空间则位于底层，通过中央走廊相互联通。

一座博物馆，一间宾馆及一个火车站

建筑师们在近期的两个国外项目和一个卢森堡国内项目上体现了他们设计的多样性和灵感。帕茨沃斯基与弗里奇建筑事务所于2009年在国际竞标中赢得了215 280平方英尺（20 000平方米）波兰历史博物馆（位于波兰华沙）项目。该项目由波兰文化与遗产部长博格丹·德罗卓伊夫斯基推动，由帕茨沃斯基与弗里奇建筑事务所、法国RFR建筑结构设计有限公司以及同样来自巴黎的博物馆设计师克里斯蒂安·杰曼纳兹共同参与完成。建筑师们说："我们的宗旨不只是设计一座建筑，更是创造一个富有含义的结合多种元素为一体的场所。"博物馆被设计成为一座横跨特蕾莎·拉孜肯思卡高速公路的桥梁，"重组了历史断崖的若干片段，并接通了乌贾多斯基和列农大街。博物馆论坛毗邻当代艺术中心乌贾多斯基城堡的天井，创造出了一种过去记忆与现代事件和未来交会的意境。"陪审团评价这种优雅的极简主义设计为"简约不烦琐，空间灵活性很强，对波兰历史进行了演绎"。该项目最终被设计为一座玻璃展示馆，基础设施部分采用石头，最显著的特点就是拥有清晰的兼顾功能性的布局：展厅沿着室内街道的一侧，街道的另一侧为行政功能区。

这一宏伟的玻璃立面成了城市里一个巨大的室外文化地标。帕茨沃斯基解释道："我们击败了另外324家公司赢得了这个项目，参与评定的著名的陪审团成员包括拉斐尔·莫尼奥、爱德华·多索托得穆拉以及奥雷里奥·伽尔菲蒂。我们并没有一个实质性的计划，也不知道将在博物馆中呈现怎样的景象，所以我们构想了一个掩映在城堡和高大树木中的可变通的谨慎的空间。

华沙项目由博赫丹·帕茨沃斯基担任主设计师，保罗·弗里奇则主理了另一个截然不同类型的建筑物——因纳普酒店（位于瑞士格里门茨，2007—2019年）。这个四星级酒店位于瓦莱州地区一个小的瑞士滑雪胜地，建造在一个海拔1685米的峭壁斜坡上。建筑主体部分沿着斜坡向上延伸而非平行排列，拥有65个房间，4个家庭房及10间套房。经过改进后，方案最终确定为通过一部小小的缆车将顾客从底部的停车区运送到酒店的顶部，酒店周围被传统的木质建筑所包围。此项目由弗里奇与他的卢森堡同事吉姆·克莱米斯以及两位本地建筑师安东尼万及丹尼尔德万希里共同完成。此外，作为酒店的一部分，沿着主垂直建筑一字排开16个小木屋，包含了48个面积从700—1185平方英尺（65—110平方米）不等的房间。一个大型的泊车车库建造在石质材料的地基上，角状的拥有大面积玻璃幕墙和突出木质末端的酒店覆盖其上。该项目在现场建造师阿斯特立德·弗林克尔的监管下完成。

尽管还未开工，设计室的另一个新国际火车站项目（位于卢森堡塞尚，2009年）终有一天会成为最吸引眼球的作品之一。三位设计师在2008年赢得了设计该火车—公交—轻轨中转站的机会。共有46名设计师对此项目感兴趣，最终包括福斯特与合伙人以及克里斯丁·得巴克在内的8位设计师参赛。帕茨沃斯基与弗里奇建筑事务所联合法国RFR建筑结构设计有限公司，法国交通工程公司PTV，保罗·伍兹工作室及慕尼黑的景观设计师厄尔彻拔得头筹。该中转站是莫比尔2020计划的一部分，旨在提升大公国的交通网络状况。塞尚车站也将成为新开发区未来发展及交通的中心。铁路线横断了连接南北的大片平坦空地。建筑师们试图创造一个坚实的、辨识度高的城市标志。项目的一个显著特征为覆盖着玻璃华盖的顶部通道，也被誉为"新开发区的城市心脏"。玻璃华盖同时也覆盖着步梯，扶梯以及连通火车站四个站台（其中两个站台用于国际交通运输）的电梯。

我们尽量不采用不规则线条

交谈中，设计师们透露出了一些贯穿他们所有项目的潜在思想，尽管这些项目看起来各有千秋。博赫丹·帕茨沃斯基说："寻找灵感是一种坏习惯。每次促使我们设计出不同作品的原因有很多，如不同的规划、选址及客户。每次开始设计之前，我们都会尝试发现新事物，并将我们的提案与选址和规划相结合，努力打破相同模式的思维壁垒。"尽管如此，帕茨沃斯基与弗里奇建筑事务所在很多设计作品中也坚守着相同的创作理念。马塞尔斯·弗里奇说："尽管这是显而易见的事实，但我甚至不愿承认这是一种选择，我将这视为大脑自动反应的结果。我不喜欢使用曲线，当然也不能采用不规则线条。这更像是一种精神构造而非刻意选择。"尽管现在马塞尔斯·弗里奇独自掌握着工作室，他仍旧如同博赫丹·帕茨沃斯基及保罗·弗里奇在身边时一样坚定地坚持着这套理论及设计理念。

帕茨沃斯基说："从某种程度上来讲，你能想象到的最不规则的设计都来自于密斯·凡·德罗。在他的作品里你可以为所欲为，但无论你转向何处，你都会撞见一堵不规则的墙。当然我们不排斥曲线，毕竟曲线也是一种几何形式。"帕茨沃斯基同他的两个合伙人一样，同样拒绝失去几何学严谨的设计。他说："无条件的自由是不存在的。就如两人之间不存在绝对的自由，因为没有人是绝对独立的。人们生活在社会中并为之工作。个体的行为都源于对自我认可的需要，或者更确切的来讲是在市场中占有一席之地的需要。有些建筑师认为如果想收到关注就必须大声表达，如果你也觉得建筑需要呐喊，那么，这是另一种表达方式吧，但绝不是我的方式。"在建筑上不张扬的理念很简单，但也最接近帕茨沃斯基与弗里奇建筑事务所作品的核心。博赫丹·帕茨沃斯基说："建筑师本质上是一名能时不时创造出艺术品的工匠。我曾就'中庸'建筑做过一次讲座，内容大致为一些基于亚里士多德的平衡或'平均'理念的事物。多米尼克·佩罗认为世界上不存在中庸建筑，但我不这样认为。柯罗曼－洛里昂、塞尚车站以及华沙项目都可以被认为是中庸的建筑，并且也都取得了成功。"亚里士多德的"平均"理念都通过秩序性的方式清晰地体现在这些作品中。[6]马塞尔斯·弗里奇说："我认为秉承秩序性设计出来的建筑能给客户留有更大的自由空间，而刻意追求打破常规并脱离传统意义上的秩序性的作品反而缺少灵活性，也更难以接受其中的矛盾。我们的方案通常只有一个，就是创造一个使用者不需要颠覆建筑本来秩序就可以充分表达自我的环境，而且我坚信建筑的秩序性跟自由是共存的。每幢建筑在交付到客户手中的一瞬间就不再'属于'建筑师了。"[7]

建筑并非雕塑

尽管也沉醉于艺术，但是这几位工作于卢森堡的建筑师都明确表示不会将他们的建筑设计成艺术品。保罗·弗里奇说："对我而言，盖里在古根海姆毕尔巴鄂的建筑不像一座建筑，反而更像一座雕塑。这是一件艺术品，当然并不意味着我不喜欢，只是我觉得建筑应该是几何化的。博物馆应该是最能接纳不同建筑形式的地方了，因为此地是集会场所，也是一个为艺术展览准备的场所。"更深入的谈及这个话题时，帕茨沃斯基说："很多人喜欢用感知其他事物的方式来看待建筑。这些壮观的物体，或者可以称之为艺术品，但这些都不能成为城市中的风景。建造起来的风景需要建筑物在背景及人物之间建立联系，这就是建筑本身。如果毕尔巴鄂博物馆是一件真正意义上的杰作，那么它不单单是因为大多数人觉得它很壮观，更是因为它将自身所处的位置与包括纳纹河在内的整个毕尔巴鄂城市的景色结合在了一起。所以对抗明星建筑师这种现象本身是很荒诞可笑的，但为了建筑本身的真正宗旨而战却是很可贵的。古老城市的运转从来都不依赖于纪念碑，而是城市本身的组织架构。"同样地，帕茨沃斯基引用民族学家克洛德·列维–斯特劳斯对盖·奥伦蒂的作品奥赛博物馆的评语道："现在正是我们摒弃装饰者以及杂乱的舞台指导者的时候，因为他们头脑中只有两个念头——回应客户的野心以及通过建造一些轰动的作品来美化自己，代价则是这些建筑也许很快就会消失。"[8]

卢森堡的建筑师们绝不会借鉴中世纪不知名设计师的作品，但他们呼吁理性。有条理的计划，对人性、方案以及从根本上对建筑本身的尊重正是他们在每个作品中所追求的目标。从根本上的谦逊反映出了建筑师的特质，但并不意味着缺少野心或兴趣。追求建筑目的"中庸"或"平均"也不意味着平凡。亚里士多德曾经说过："平均是完

美的克己及勇气的一种最高级的表达方式。"这并不代表建筑师们已经达到了这一状态，这更像是他们的目标、追求或希望。

为了能够更专注于瑞士格里门茨的项目，保罗·弗里奇在他的儿子马塞尔斯接过运营卢森堡公司的重任后就将公司的股份转给了他。现在他所在的拉康尔迪建筑事务所正在建筑因纳普酒店项目，该项目经历了若干管理上的延期。此后，他将承接位于同一小镇上的温泉浴建筑群项目，以及周围可能的其他项目。[9]

在博赫丹·帕茨沃斯基不幸辞世及保罗·弗里奇决定专注于瑞士项目之前，马塞尔斯·弗里奇就已经成为工作室项目的核心负责人，而且如今公司的中坚力量也确实是年轻的一代。事实上，公司的整个团队的成员都非常年轻，这也体现在公司对设计主旨的积极有力的表达方式上。马塞尔斯·弗里奇将他现在的工作状况及对未来的打算都写在了下面的注释中，并于2017年6月分享给了笔者。当下卢森堡的前景是十分乐观的，在公众及私人行业都有无数值得关注的项目。目前我们的主要项目是朋鲁吉火车站，同时我们参与了卢森堡国家铁路公司在瓦瑟比利希及罗当的"驻车换乘"站项目，而且还在开发两个私人开发商的新办公楼项目及一些住宅项目。

贝登堡地区的凯克特斯超市项目发展的很迅速，所以我们准备在艾斯克拉朗格地区建造另一座凯克特斯商店。第二

座超市的零售区位于比较低的区域，但是从建筑学观点来看，有趣的是在超市的顶部会有一些公寓。我们同时还在进行两个购物中心项目，其中一个为翻修项目，而另一个则是建造一个全新的购物中心。建造于2004年的卢森堡机场B航站楼正在重建，我们已经完成了重建项目以及两个主楼中间的人行道项目。

我们于2013年开始的两个项目暂时处于暂停状态，埃特尔布维克火车站以及可以俯瞰国家电煤运输系统的艾科里斯配送中心项目都在最终审批阶段。此外，我们还参与了一些大型的市内项目，如卢森堡火车站附近的霍丽奇街区，位于迪德朗日的另一个新区域将覆盖一个废弃的工业区及车站附近的街区；罗当中心区的重建项目也在建设中。最后，我们还在进行卢森堡中心零售区的项目以及火车站附近的项目。同时，我们也承接了一些私人客户的独栋房屋项目，这些项目往往更有趣，因为我们可以与最终客户及使用者进行最直接的交流。

总之，我们对于正在进行的项目有详尽的计划，同时我也在积极的争取其他新项目。我近期的目标是更多的参与竞标。截止到2017年，我们已经递交了3个本年度的竞标项目。我还想参与到国际项目的竞标当中，我觉得这是我们未来发展的方向。[10]

除了有雄厚的实力来处理大量的公共及私人项目设计之外，帕茨沃斯基与弗里奇建筑事务所还在积极寻找大公

国以外的新项目，这说明工作室现在就犹如一台运转良好的机器。工作室拥有优秀的协作者、精益求精的态度以及为所处环境创造美好事物的愿望。在新一代管理者的领导下，工作室将会在卢森堡地区发挥重要作用，并将在未来的岁月中发展到卢森堡以外的其他国家。

菲利普·朱迪迪欧
2017年写于格里门茨

1　摘自保罗·弗里奇于2012年1月28日与笔者在卢森堡的谈话。

2　马塞尔斯·弗里奇于2012年1月28日与笔者在卢森堡的谈话。

3　博赫丹·帕茨沃斯基基于2012年1月28日与笔者在卢森堡的谈话。

4　马克欧杰的非场所理论，发表于巴黎赛依出版社出版的人类学导言。

5　博赫丹·帕茨沃斯基基于2012年1月28日与笔者在卢森堡的谈话。

6　亚里士多德的著作尼各马可伦理学，第二卷，350 B. C.，由D. P. 蔡斯翻译并发表于1911年的人人文库中。2012年3月15日转载自 http://en.wikisource.org/wiki/Page:The_ethics_of_Aristotle.djvu/5

7　马塞尔斯·弗里奇于2012年1月28日与笔者在卢森堡的谈话。

8　克洛德·列维–斯特劳斯于1987年发表于巴黎辩论报的文章《框架与作品》。

9　保罗·弗里奇于2017年6月9日发给笔者的电子邮件。

10　马塞尔斯·弗里奇于2017年6月14日发给笔者的电子邮件。

PROJECTS
项目精选

2020年迪拜世博会卢森堡展馆

我们最初的设计理念是通过简洁、紧凑、纯粹，甚至有些神秘的充满美感的外观自然地吸引参观者，一旦参观者穿过入口处就会瞬间看到内部的华美景象——仿佛一座堡垒或一堵墙守卫着奢华的伊甸园。

展厅中央核心部位象征着卢森堡在其广大区域甚至欧洲中心的战略地位。

进入展厅后，参观者就会发现类似于利雅得的阿拉伯式房屋的构造，采自生态苗圃的木制桥塔如魔法般矗立在森林中央，形成了一种有机的外观。这座朴素优雅的"宝箱"由四个从公共街道可见的立面组成，表面覆盖着额外的花纹——由民族图腾衍生出的一种轮廓分明的金属网格，从而创造出了东西方的结合感。穿过入口后，参观者会发现一处充满生机的地方，交会处为一方中央庭院，这个可以带领参观者来到多功能区的天井犹如一封邀请函，吸引着参观者发现卢森堡的魅力。

阿拉伯联合酋长国的国家象征是一种奢华的牧豆树，这种树是中东干旱地区的原生树种，因此不需要很多水，被当地人誉为"生命之树"。树木装饰着整个庭院，遮挡阴凉并净化了空气，也紧密地联系了主客国家之间的关系。

庭院的隔热层也采用了立面相同的金属网格，在不同层级之间交错往来。

展厅分为三个主要部分：第一部分为常驻展厅，包括可以俯瞰广场的圆形多功能室，一间可从中穿过的商店及酒吧，以及储藏区；第二部分为主要餐饮区以及面向庭院开放的提供快速外带食品的服务区域；第三部分则是经由另一入口才能进入的办公区及VIP休息区，配备有单独的盥洗室。

项目地点 / 阿拉伯联合酋长国迪拜
完成时间 / 2017年
项目面积 / 1570平方米
摄影 / 帕茨沃斯基与弗里奇建筑事务所

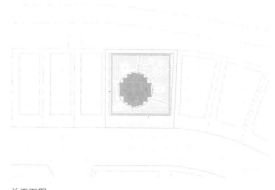

总平面图

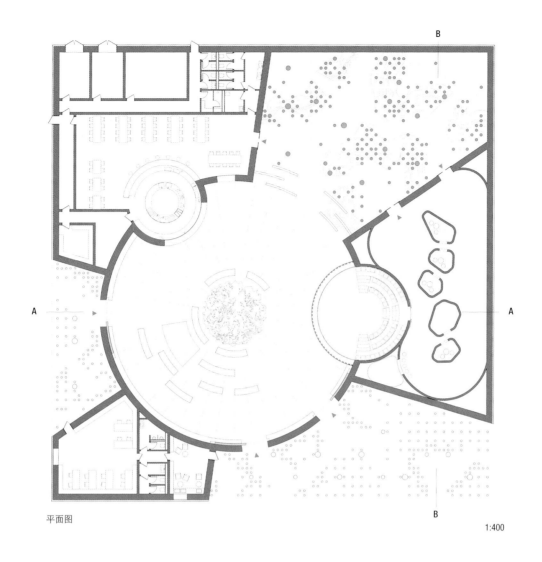

平面图

1:400

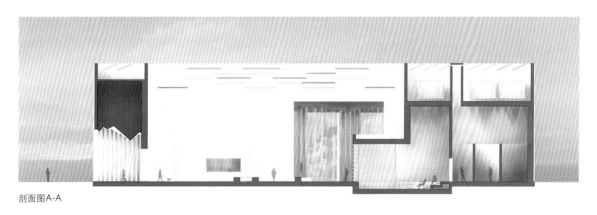

剖面图A-A

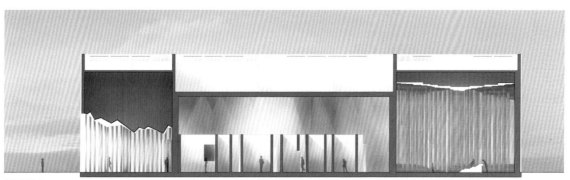

剖面图B-B

19

迪弗当日塔

古老的Hadir塔位于第菲尔丹吉的城市门户，这里环境优越且发展前景良好，因而展现出巨大的城市潜力。古塔周围交通便利，项目场地布局将改变其作为第菲尔丹吉门户的定位。

设计团队决定设计一个多功能的底座，底座施工分阶段进行，积极应对环境限制因素，突出现有结构之间的必要联系，同时为古塔这一地标性元素打造一个坚实的底基础。为了不使古塔底部进行的城市化改造工程变得支离破碎，设计团队在四个平面上对项目场地的面积进行扩展，并在场地内建造了一个有着相同高度的体量。接下来，设计团队对体量细部进行精雕细琢，以此建立起城市与周边项目的必要联系，创建中心区域和通往项目各功能区的入口。

建筑体量之间及建筑体量与城市周边环境由此发生相互作用，实现覆面与核心的融合，形式与在第菲尔丹吉的城市历史上扮演过重要角色的钢铁工业类似。现有树木构成了一个防护屏障，新建筑因而不会受到附近活动，特别是阿塞洛米塔尔钢铁公司生产活动的影响。离城市最近的建筑体量的顶端采用了塔式元素，轮廓修长，虽有昔日鼓风炉塔的影子，却面向城市与未来。由植物和矿产元素组成的中央广场，将成为所有城市流动的交会点。

建筑的表现形式突出了表面防护和充满活力、温馨气息的城市规划概念。为此，设计团队提出用钢板和大片抛光表面打造建筑外立面，在不同层面的结构标记范围之间展开。相比之下，内墙为木料包裹的固体表面，并嵌入了金属框架，进而为整体空间带来暖意和变化。这部分同样适用于底座和塔身的设计。建筑的整体结构为钢框架，楼板则采用了预制混凝土材料。

项目地点 / 卢森堡迪弗当日
完成时间 / 2017年
项目面积 / 39 250平方米
摄影 / 帕茨沃斯基与弗里奇建筑事务所

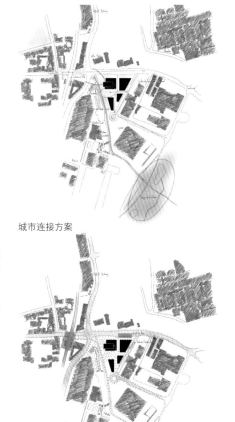

城市连接方案

道路循环方案

1 屋顶花园　　　　5 楼梯　　　　　　9 住宅区入口　　　　13 屋顶平台
2 办公室　　　　　6 停车场　　　　　10 攀岩室　　　　　14 电梯
3 托儿所　　　　　7 停车坡道　　　　11 健身房
4 机械室、储藏室　8 花园　　　　　　12 健身房、攀岩室入口

剖面图A-A

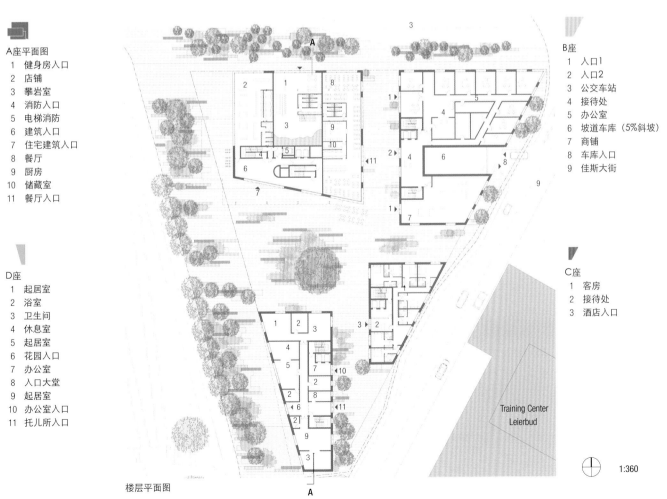

A座平面图
1 健身房入口
2 店铺
3 攀岩室
4 消防入口
5 电梯消防
6 建筑入口
7 住宅建筑入口
8 餐厅
9 厨房
10 储藏室
11 餐厅入口

D座
1 起居室
2 浴室
3 卫生间
4 休息室
5 起居室
6 花园入口
7 办公室
8 入口大堂
9 起居室
10 办公室入口
11 托儿所入口

B座
1 入口1
2 入口2
3 公交车站
4 接待处
5 办公室
6 坡道车库（5%斜坡）
7 商铺
8 车库入口
9 佳斯大街

C座
1 客房
2 接待处
3 酒店入口

Training Center
Leierbud

楼层平面图

1:360

卢森堡数据中心

卢森堡网络中心数据中心拥有壮观的外观，协调地坐落于贝登堡校园里。项目组将过去10年积累的经验全倾注到了这个最先进的数据中心项目中。

数据中心作为现有建筑的补充，也为原有的数据中心增加了一个全新的全混凝土的欢迎厅以及一个桥梁门户。设计师们此次更关注景色的整体性，特别是朝向贝登堡一侧的风景以及功能的清晰度。

该建筑是尺寸为55米×140米的三层楼，几乎全部面向贝登堡镇的方向。此外，建筑的空间主要体现在容积上。主楼是结构的核心，作为服务器室使用，表面由有光泽的金属磁带作为装饰。位于四个角落的楼梯间以及行政区和技术室围绕着服务器室均匀分布，各个房间表面由梯形薄贴片作为装饰。卢森堡网络中心是一家卢森堡国家拥有的私人公司，成立于2006年，是旨在提升国家暗纤维网络以及建造和运营顶尖的数据中心。

项目地点 ／卢森堡贝登堡
完成时间 ／2016年
项目面积 ／23 600平方米
摄影 ／安德烈·里贾纳

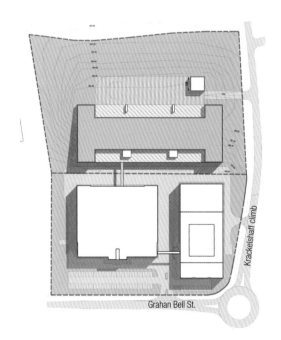

总平面图

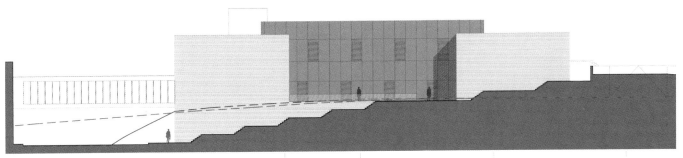

北侧立面图

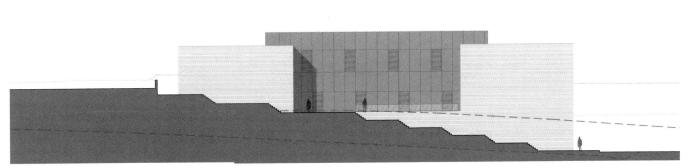

西侧立面图

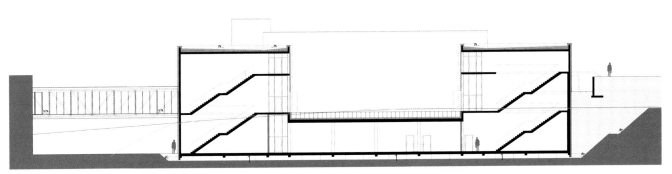

剖面图

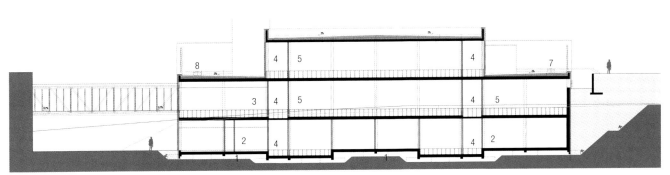

剖面图

1　地下室
2　入口及顾客区
3　行政区
4　大厅

5　服务器机房
6　技术平台
7　科技平台

卢森堡博览会南入口
（2015）

2012年，卢森堡政府废弃原项目兴建国际展览场地后，卢森堡博览会就决定在原有场地进行了重建。项目主要任务为拆除南侧连廊，改造出一片对公众开放的空地，并为未来在此办公的人提供便利。项目将新建两个入口，配备连通展厅的走廊。项目还将新建一个公共停车区域直通其中一个入口，这样整个项目就竣工了。入口大厅更方便参观者移动，将多样化的展厅分割成不同区域，使参展者有最大的灵活选择空间。

临时建筑的高度重复性是为了项目规划顺利进行而特意为之。将建筑按截面进行分割可以保证永久结构按阶段进行施工，这样就能将施工对展览的影响最小化。在5米的隔间内用5米宽的木质截断面及2.5米高的框架大梁作为支撑。框架结构中间填充25厘米厚的刨花板形成隔断，屋顶及立面则由防水密封材料所覆盖。这些截断面沿着2.5米高的大梁互相交叠，这一理念创造出了一系列动感的多用途的空间。

建筑的侧面覆盖着半透明的聚碳酸酯板，这一设计提供了良好的采光，使沿着走廊纵向的不同入口都清晰可见。走廊自身的采光依靠一连串的天窗。进入入口处大厅后，参观者将被指引向展区。南向的立面完全被半透明的聚碳酸酯板所覆盖。场地内所有人共同使用的连接部分、集会区以及休息区追加了绿色和树木。广场也可以作为集会区和公共交通及环保交通的落客区。这些设计细节的目的就是保持和维护卢森堡博览会的活力。

项目地点 / 卢森堡基希贝格
完成时间 / 2015年
项目面积 / 940平方米
摄影 / 安德烈·里贾纳

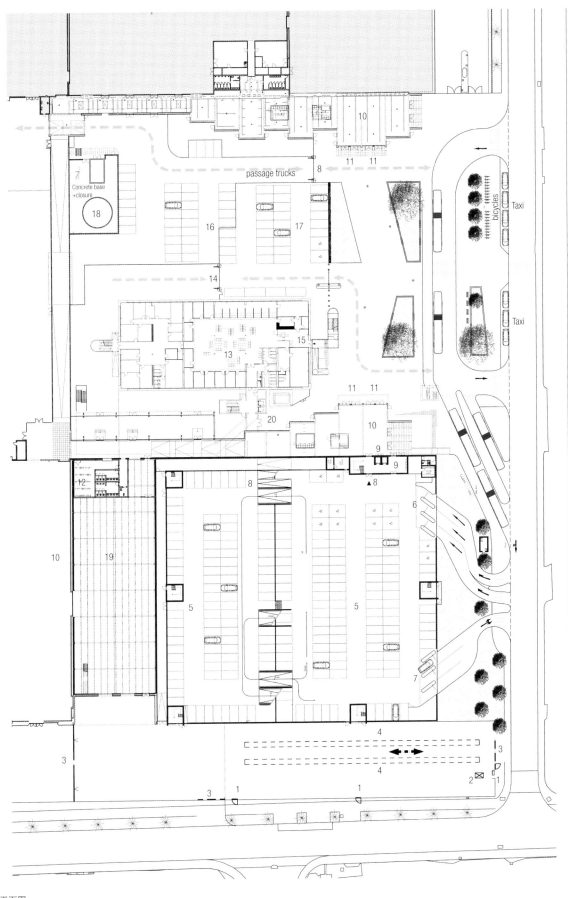

passage trucks

Concrete base +closure

bicycles

Taxi

Taxi

总平面图

1 紧急出口	6 停车场入口	11 入口大堂	16 展商停车场
2 警卫室	7 停车场出口	12 盥洗室	17 停车场
3 大门	8 人行道	13 入口	18 喷水灭火系统水箱
4 等候区	9 登记台	14 折叠门	19 储藏室
5 访客停车场	10 门厅	15 大厅	20 等候室

33

瓦瑟比利希
"驻车换乘站"项目

"驻车换乘站"项目位于瓦瑟比利希–特里尔铁路沿线,是卢森堡可持续发展及基础设施部发起的加固改造项目的一部分。预计的停车场可以容纳400辆汽车,地点位于现存的地面停车场,毗邻瓦瑟比利希火车站及CFL/RGTR公交站。火车站前广场以及公交站台也将做相应的翻修。

项目的建筑构思是通过对立面适当的处理将项目与现存的城市建筑物群完美地结合在一起。为了达到此目标,N1区域由天花板上的四个槽口铰接在一起,目的就是与汽车停车场方向的零散城市建筑相呼应。这些槽口都覆盖了人造绿植,目的是增加观赏性并为行人带来视觉上的温暖,建筑立面都覆盖了金属。作为底层建筑的一部分,位于地下的半层设计了一个更封闭的立面,与周围建筑物一样表面覆盖着矿物面板。

为了让建筑立面看起来更有生气,楼梯间被设计在了楼体的东西两侧并在表面覆盖了玻璃。顶部两层装有防晒水平叶片。此外,朝向站前广场的方向配备有玻璃立面的店铺。为了使项目看起来与周围环境更和谐,使"驻车换乘站"与火车站更好的衔接,地面通过连接对角线的方式被设计成了巨大的菱形棋盘。

项目地点 / 卢森堡瓦瑟比利希
完成时间 / 2016年
项目面积 / 11 000平方米
摄影 / 帕茨沃斯基与弗里奇建筑事务所

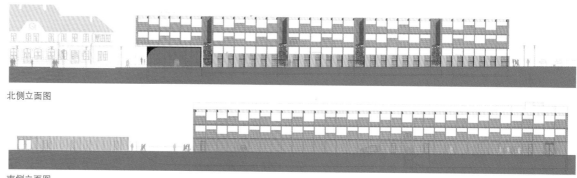

北侧立面图

南侧立面图

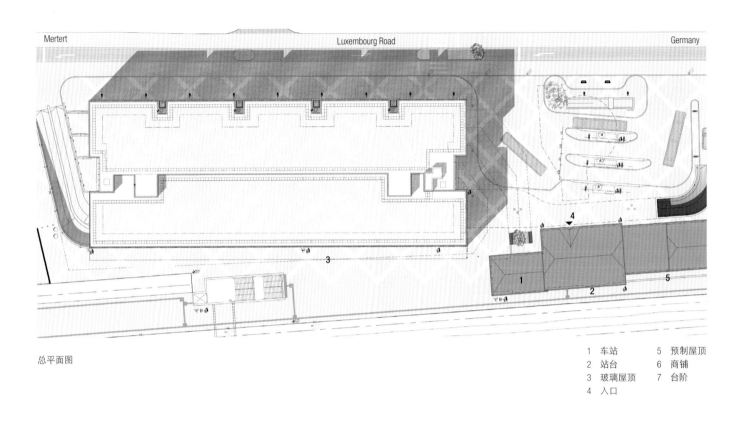

Mertert　　　　　　　　　　　　　　　　　Luxembourg Road　　　　　　　　　　　　　　　　　Germany

总平面图

1　车站　　　5　预制屋顶
2　站台　　　6　商铺
3　玻璃屋顶　7　台阶
4　入口

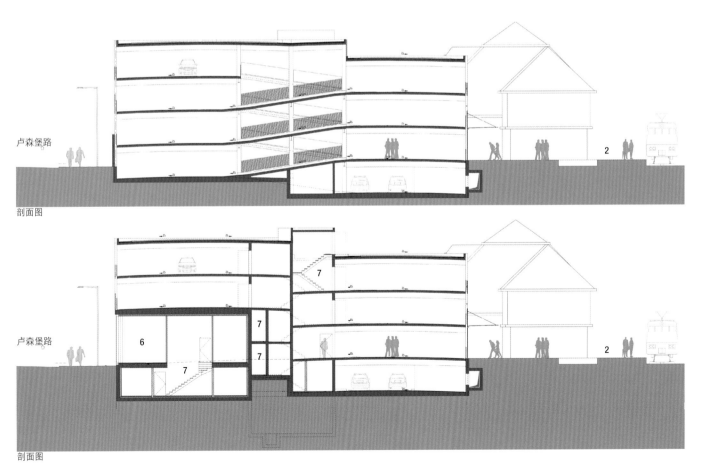

卢森堡路

剖面图

卢森堡路

剖面图

高原街区项目

高原街区项目位于迪弗当日，福斯班及欧本科恩中间。这块堤坝环绕的高原被阿贝德钢铁公司作为铁矿及焦炭的储备地。此地的城市化旨在创造一个由不同形式住宅群构成的密集街区，为满足新街区居民日常生活需求的零售场所以及各种吸引人的公共场所（包括谢尔公园、大片空地以及停车、休息场所）。建筑、技术以及行政部门吸引了更多人参与到这个项目中来。

整个街区面向的人群主要是有活力的年轻群体。他们中的部分家庭有孩子，定居在国家的南部，并且收入相对较低。考虑到经济及生态条件（低能耗建筑），城市化的概念由一种清晰、现代及新鲜的建筑语言诠释出来，并保证了持久可接受性。该建筑项目为整个场地带来了强烈的认同感，同时也保证了私人住宅的形象和多样性。这块场地及附近不同风格的建筑为城市结构添加了多样性和特异性的元素。

与附加建筑可能会瓦解原有建筑风格这一理论相反，共享美学概念是自动受到所谓"现代批判"传统激发后建立在紧凑的立体体积基础上的。本项目的主旨在于确保功能中立性，同时追求空间品质及创新性，从而为居住者们提供个性化发展及个体使用的必须空间。项目的户外空间设计沿用了原有的建筑风格，通过建造天井、立体花园，阳台以及凉廊为居住者及客人打造一个延伸到房屋外面的真正的户外区域。户外空间的高品质利用以及计划的完美实施使该区域成了一个和谐的整体。

项目地点 / 卢森堡迪弗当日
日期 / 2013年
项目面积 / 21 320平方米
摄影 / 安德烈·里贾纳

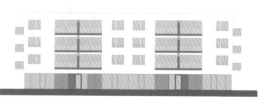

立面图

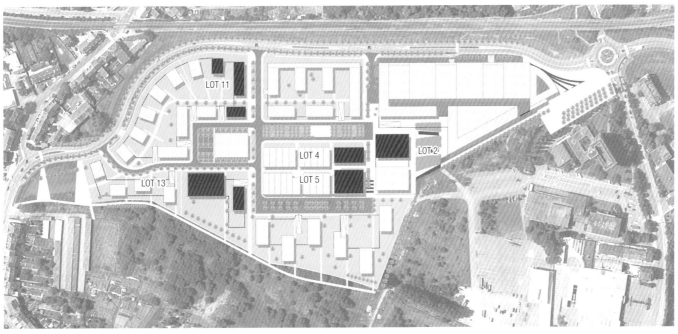

总平面图

区块13剖面图

区块11二层平面图

中庭商业公园

2000年，工作室成功获得此项目设计权的关键在于很好的适应了场地的局限性，因为项目很接近一条车流量大的高速公路。为了应对此种情况，设计师将其中的一幢建筑平行于高速公路而建，为场地内余下的空间创造了视觉及听觉的屏障。

该中心被设计成了不同尺寸的办公街区，这样可以兼顾完美比例的室外公共场所和内部私人庭院。所有区域都能享受自然采光，雄伟的入口也使租赁单元的划分更具灵活性。

由于南北两端的高度差达到了10米，底层空间设置成了逐渐向北倾斜的两层，与整个场地和谐地衔接到了一起。

楼群整体的造型特点就是不同建筑间的对比。建筑立面由带状的金属拱肩及全景窗户构成，形成连续的带状造型，而独立出来的街区则采用双层立面材料并全部覆盖玻璃幕墙。

项目地点 / 卢森堡波密斯特
日期 / 2012年
项目面积 / 50 000平方米
摄影 / 安德烈·里贾纳

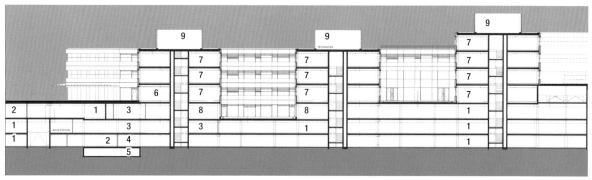

剖面图

1	停车场	4	洒水器	7	办公室
2	档案室	5	水箱	8	自助餐厅
3	厨房	6	餐厅	9	设备室

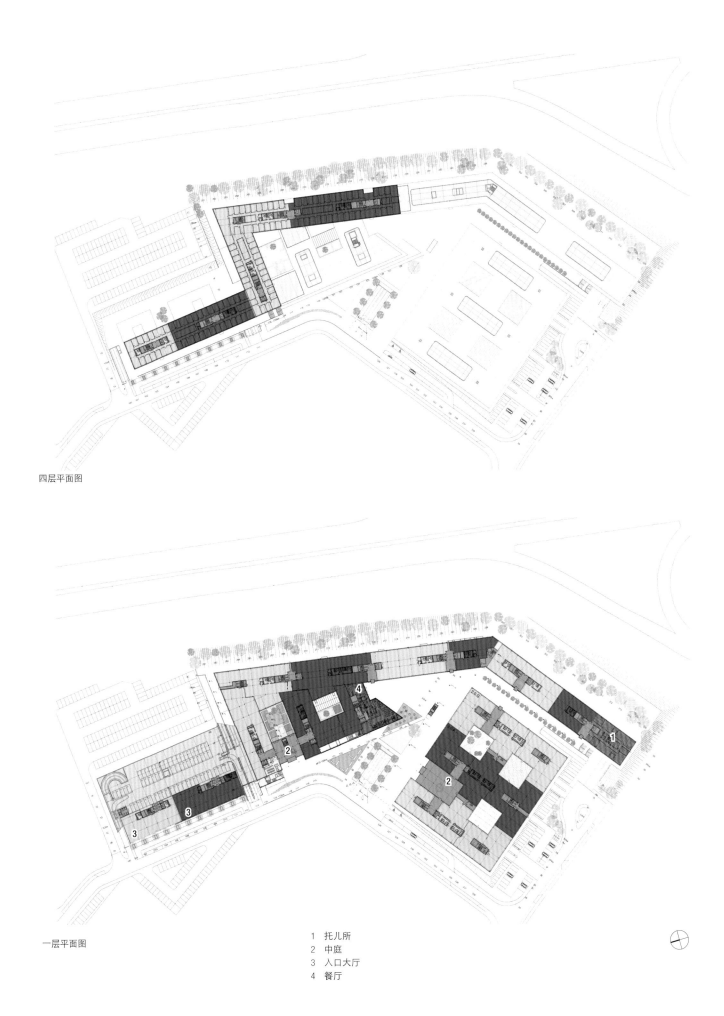

四层平面图

一层平面图

1　托儿所
2　中庭
3　入口大厅
4　餐厅

贝尔维尔运动中心

项目选址的首要原则是要确保从城镇到运动中心的视野开阔。其中穿过一片平坦的空地，作为运动设施及房屋的前院。

这个项目功能繁多，而且我们想要将项目分阶段完成，所以最终我们设计了两个单独的建筑物，中间用南北走向的可充当门厅的室内通道连接，室内通道可以通向多个功能区域，同时也满足了人们对项目能源的需求。这一设计也能让人们一目了然地看到内部多个独立的功能区。

综合运动设施馆朝向城镇的方向，是一座四方形的场地，其中一个立面覆盖着彩色的混凝土面板。主运动馆周围围绕着若干小的运动场馆及跑道。釉面外观的攀岩练习墙及通风井是场馆内唯一突出的设备。主运动馆的屋顶采用棚式结构，为场馆内提供顶光照明的同时也为太阳能收集设备提供了支撑结构。

综合游泳设施馆朝向运动公园方向，被设计成了更柔和更自然的形状。表面覆盖着预氧化铜，天花板是由下降波浪状的木料胶合板承重结构组成的，形成了一个天窗板。场馆中心包含一个大人可陪同的儿童游泳池，所以该区域被设计成为气氛欢快的休闲娱乐场所。透过大面积的封釉玻璃窗可以看到室外公园的优美风景以及感受天花板的良好采光。

能通往所有功能区及停车场的室内通道也被设计成了封釉玻璃结构。楼梯和扶手在运动中心侧面沿着内部立面分布，通往可容纳2500人的观众席。游泳场馆的立面主要为封釉玻璃，可以从外面看到泳池的景色。通道被设计成了一个调温区，为场馆内的主要功能区提供照明并接收太阳能来加热泳池。

运动场随意地分布在3公顷的公园周围，公园的布局通过空间变化变得更加突出，区域分布范围也分为游客可以休息的修剪草坪区到围绕着灌木丛的高草区，以及因季节不同而提供不同景色的花草地。

项目地点 / 卢森堡贝尔维尔
完成时间 / 2012年
项目面积 / 22 300平方米
摄影 / 帕茨沃斯基与弗里奇建筑事务所

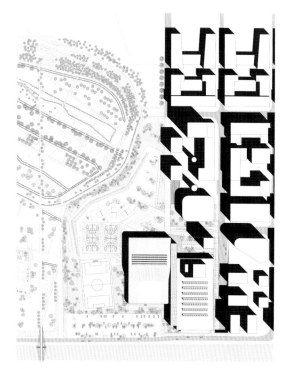

总平面图

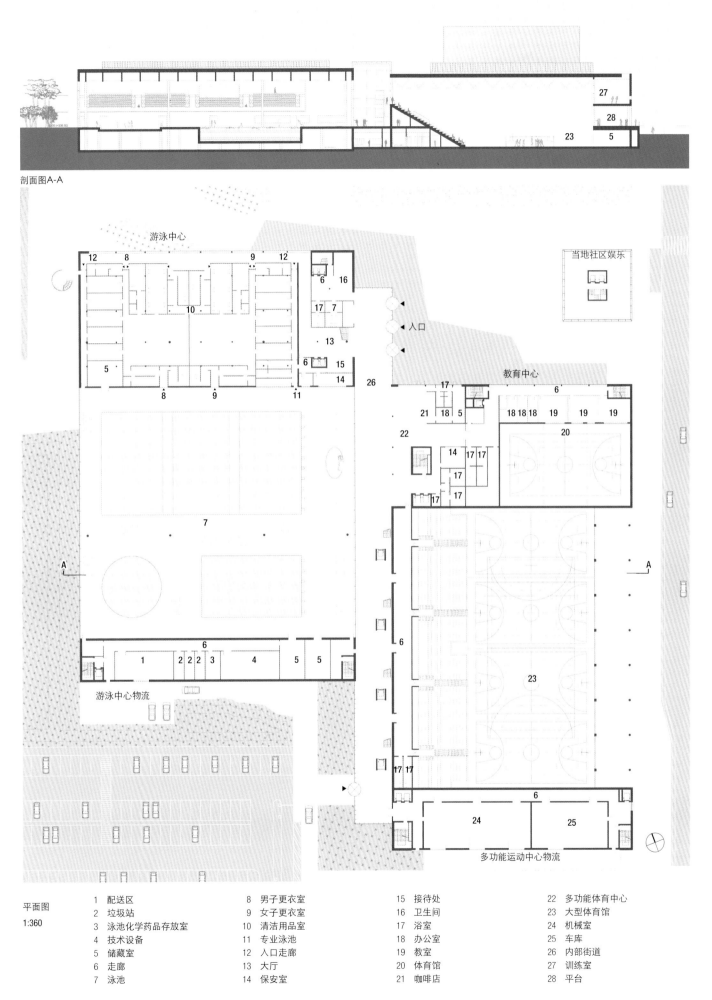

剖面图A-A

游泳中心

当地社区娱乐

入口

教育中心

游泳中心物流

多功能运动中心物流

A

庞特·罗赫火车站

新的庞特·罗赫火车站将成为城市中心多模式的交通枢纽，它不仅能将基希贝格高原与帕芬莎通过铁轨直接连接起来，也能和卢森堡展馆与城市中心间运行的电车轨道相连。

新站建成后，乘客无须再换乘到市中心，而是可直接从此处通往基希贝格高原，这样就大大降低了旅行时间。同样地，位于南部的法国和比利时的游客也无须换乘其他交通工具。

火车站共两层，底层位于夏洛特桥脚下，由台阶或电梯与圣马修街相连。车站上层位于两个主要观光胜地——欧盟法院与柏林爱乐厅的交会点。上下层中间由一个配备两辆缆车的索道相连，这样就不会破坏现存的人行道和植被。

受到中世纪要塞场景的启发，下层火车站由厚重的基石及轻型屋顶组成，可以使人联想到丛林中的一片精致树叶或与红桥相呼应的细长的柱子。

上层火车站的构造就相对比较简单了，没有同下层火车站一样横跨铁轨两侧，只是呼应了下层车站轻型屋顶的主题。

项目地点 / 卢森堡基希贝格
完成时间 / 项目起始于2011年
项目面积 / 22 300平方米
摄影 / 安德烈·里贾纳

1 圣马修街

总平面图

1 街道平面入口
2 庞特·罗赫火车站
3 拉福雷道路方向入口
4 火车站站台
5 有轨电车站台
6 鸟瞰图

总平面图

一层平面图

1 圣马修街
2 火车站站台
3 有轨电车站台
4 有轨电车站

0   20m

埃特尔布维克
火车站

埃特尔布维克火车站及周围区域的重建为毗邻交通枢纽地区的人行道、自行车道改造提供了绝佳的机会。车站及驻车换乘站之间由一座横跨公交停车场的人行桥连接。人行桥在视觉及实际使用中将两个办公街区连接到一起，并使位于交通枢纽中心重要部位的交通更加便利。人行桥还覆盖了部分公交停车场，为乘客提供了遮挡。更为重要的是，这种城市密集化的行为对周围街区大大有利，适合未来协会项目并创造了一种明显的城市氛围。同时还在建筑之间留有大块空地，便于欣赏周围的乡村风光。

城镇与乡村的对比更表现在梯形场地建造的两座三层建筑物上。该项目更灵活并旨在面向更多使用者。高架人行道的位置紧靠建筑一楼，清晰可见。通往底层的台阶和公众扶梯以及通往上层的私人电梯也很容易就能找到。在建筑的另一面，应急通道通向公交车站。

由于项目位于交通枢纽的重要位置，该地点能满足更多的社会需求，如计划生育诊所、家居服务项目提供者霍洛夫多汉姆基金会以及其他本地组织，增补了许多为未来协会项目而设的设施，这些设施包括物理疗法设施、快餐店、以及为中小型企业、政府或地方政权部门而设立的办公区。

由于位于多种交通方式（包括火车、公交车、汽车及自行车）的核心，这个项目因其便利的交通及接近艾特布鲁克城而出名。

项目地点／卢森堡艾特布鲁克
完成时间／项目起始于2010年
项目面积／5500平方米
摄影／帕茨沃斯基与弗里奇建筑事务所

1	停车场	6	卫生间	11	移动中心	16	烘焙店
2	出租车落客区	7	车站	12	入口	17	自行车停放处
3	餐厅	8	入口	13	自行车停放处	18	站台
4	警察局	9	行李寄放处	14	报纸售卖亭	19	公共汽车站
5	办公区入口	10	等候区	15	储藏间		

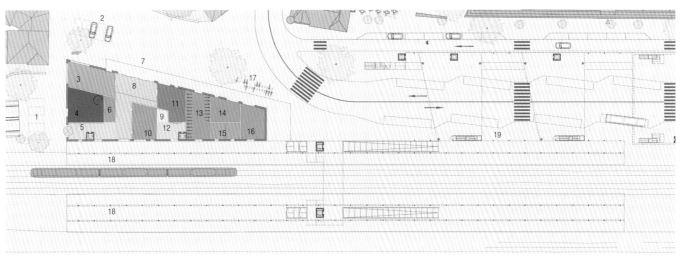

立面图

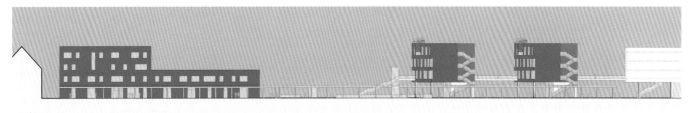

剖面图

1	站台3
2	站台2
3	站台1
4	公共汽车站台2
5	公共汽车站
6	公共汽车站台1
7	自行车停放处
8	单向车道
9	停车场
10	人行道
11	办公室
12	餐厅
13	廊桥

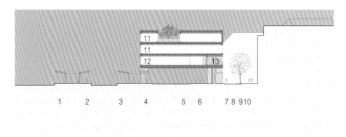

立面图

0   5m

巴斯德住宅

该项目位于一幢公寓大楼及一间独户住宅中间。设计理念就是与这两个风格迥异的建筑建立联系。

建筑立面与两个相邻建筑一样朴素。天然石头和玻璃的使用，整洁的悬臂式飞檐线都形成了一种清冷的效果。

可以俯瞰花园的后立面由彩色石棉水泥板组成，在必要处突出或凹陷，以便于与两侧建筑的不同深度相一致。露台以及大面积窗户可以看到内部花园的风景。

这个新的住宅街区项目的结构很经典，在底层配备了传统的大厅和车库，上层为四个房间，地下室为酒窖。

项目地点 / 卢森堡林伯兹堡
完成时间 / 2010年
项目面积 / 1500平方米
摄影 / 安德烈·里贾纳，阿希姆·索恩

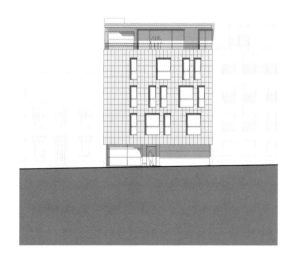

立面图

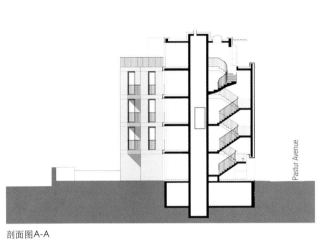

剖面图A-A

立面图

二层平面图

1　大厅
2　厨房
3　起居区
4　卧室
5　浴室
6　卫生间
7　阳台

楼层平面图

1　大厅
2　车库
3　设备间
4　垃圾间
5　花园

0　　　　5m

塞尚火车站

该项目是主干铁路线与一大片平坦空地之间的交叉点，在南北部新建设区域内形成了一部分绿色走廊，同时也形成了卢森堡市国际及区域火车站的中央枢纽，并为霍勒里奇大道配备了全部的配套设施以及行人停车和城市公共交通系统——有轨电车、公交车以及出租车。这一地标性建筑于2009年获得了国际奖项，一个显著特征为覆盖着玻璃华盖的顶部通道。玻璃华盖同时也覆盖着步梯、扶梯及连通火车站四个站台的电梯。玻璃华盖朝向霍勒里奇大道方向悬挂着，在顶部通道的北入口处打开，波浪状的构造将月台包裹其中，并指向南部边缘。

这个位于铁轨下方的中心通道被设计成为新街区的核心，除了保留其连接的作用之外，还为行人提供了一系列的服务。太阳光柱通过天台板狭长的缝隙照亮室内。这些缝隙在西侧被扩大成巨大的开口，沿着公交车站的方向，在遮蔽坏天气影响的同时也提供自然的光照。同样的顶部开口使得侧面通道也能享受太阳光。

项目保留了大部分现有的路堤，但同时也包含一个沿着北侧延伸的高架桥。在相互独立及不连接的前提下，这两个结构使得铁路轨道变宽，月台数也增加到四个，其中两个用于国际列车而另两个则用于区域服务。在高架桥下，从东侧开始依次是侧面通道、行人停车场、中央通道及公交车站，酒店入口及停车区和带有地下停车场的行政楼则位于最西侧。

酒店和行政楼的设计被简略概括了，但从广义来讲，作为项目的一部分也不得不考虑项目未来发展的功能性和造价问题。

项目地点 / 卢森堡卢森堡市
完成时间 / 2009年
项目面积 / 83 000平方米
摄影 / 帕茨沃斯基与弗里奇建筑事务所

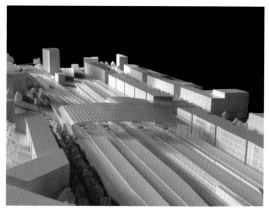

模型

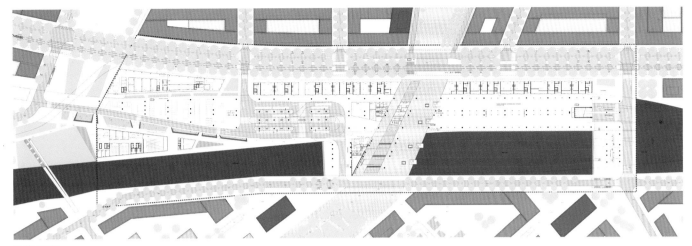

街道平面图

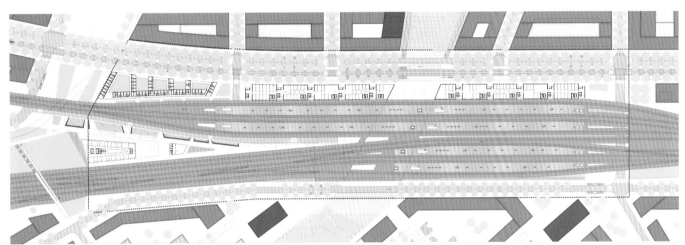

站台平面图

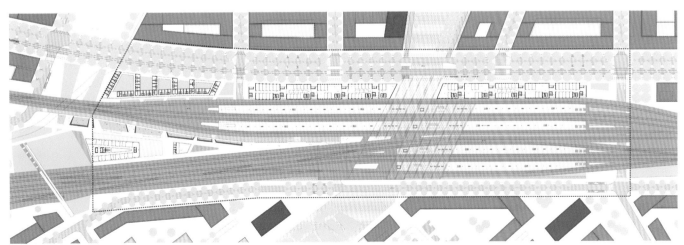

屋顶平面图

波兰历史博物馆

华沙的波兰历史博物馆紧邻17世纪修建的乌贾多斯基城堡，位于一片开阔的林地区域。该区域的主要地标就是城堡，并有大量古树。为了不破坏自然和历史的整体和谐，项目的设计有很大的局限性。

然而，这片绿地及南北向的漫步场所被一座建造于20世纪70年代的东西向的城市高速公路中断了。竞标标准规定博物馆建筑必须横跨该高速公路并重塑往时的连续性。

这就是建筑师们产生了桥状建筑理念的背景，钢桁架结构连接了公园的南北段，并将原本已经到尽头的路重新衔接。纳斯卡比大街是沿着城市中心高地东部边缘蜿蜒的全景步行道，重建后将会重现其往时的整体性，从那里可以观看到维斯瓦河的全部景色。

从南侧主入口到远端的北入口横穿过桥状博物馆内部的是一条12米宽的室内街道，将项目摘要中要求的讨论区与供参观者漫步的基础设施合并到了一起。

通道的东侧为博物馆设施区域（包括永久及临时展览厅，教育区以及自助餐厅），西侧为服务器（包括礼堂、零售区、两个位于上层的研究实验室以及敞开的种植庭院）。

博物馆的前院毗邻当代艺术中心乌贾多斯基城堡的天井。这个由两个独立但相邻的文化机构组成的整体形成了立足现在回顾过去的意境。

博物馆屋顶部分设计了倾斜的光源，照明情况可根据不同展览需求进行调整。朝向南方的屋顶的外部表面覆盖着3000平方米的太阳能板。

展览区的立面由三层封釉玻璃隔绝开，由外层防弹玻璃膜及内层丝网玻璃窗组成，可减少阳光射入。立面内部配备了两层单独的内部遮光窗帘，这就使建筑内自然光源射入情况完全可控。该项目于2009年获得了国际奖项。

项目地点 / 波兰华沙
完成时间 / 2009年
项目面积 / 24 000平方米
摄影 / 帕茨沃斯基与弗里奇建筑事务所

总平面图

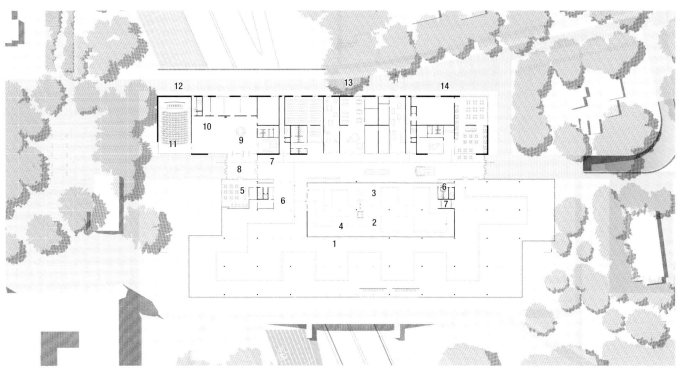

一层平面图

1 永久展区	5 咖啡厅	9 接待大厅	13 公共论坛区域
2 高层画廊	6 接待处	10 门厅	14 补充功能区域
3 低层画廊	7 大堂	11 观众厅	
4 临时展区	8 主入口大堂	12 培训与会议区域	

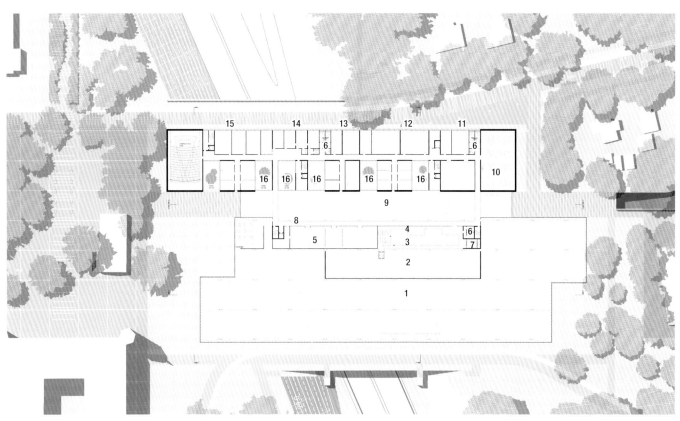

二层平面图

1 永久展区	5 培训区	9 大堂	13 实验室
2 高层画廊	6 卫生间	10 技术支持区	14 管理室
3 低层画廊	7 电梯	11 档案室	15 行政区域
4 临时展区	8 通道	12 研究室	16 露台

波兰历史博物馆

机场航站楼

如果将现代生活中所有动态的流动空间都任意地包括在内，那么"非场所"的概念会让人觉得很困惑——"场所"意味着充满了回忆、意义以及地方精神，而与之相对的"非场所"则被认为不适宜居住和毫无个性。

世界上所有的火车站或机场的建筑，一旦被归类为"非场所"，则自动被认为是没有人情味的地方。

机场项目设计的关键就是应对这一挑战并为人们提供可以满足需求的设施，为每天经过这里的人们提供欢迎的氛围。项目主旨在于给来到这里的人们一种"可居住的"印象，使这里成为话别与回归的场所，成为与这个国家初次接触的场所，成为集会、采购、用餐、愉快停留，甚至小住的场所。

主航站楼专为大中型飞机设计，通过人行道进行连接；其形式为大型的公众场所，屋顶跨度为100米×100米，全部表面由日光进行照明，并保证了对外部世界的视野。空间的明亮色调，有方向的轻松感以及采用的材料（木制品及水生绿漆）所带来的温和的配色方案形成了自然的氛围。旅行者及来访者可以通过全景饭店欣赏森林风光以及跑道上的飞机。横跨护照控制及安全区域的内部桥梁将机场公共场所与通往饭店的登机区连接到一起。

配备众多店铺，酒吧以及VIP休息区的专为小型飞机设计的航站楼通过安装在连接桥上的活动人行道与主航站楼相连。这个航站楼的设计构想就是使规模与停靠在登机口的小型飞机相匹配。行人可以直接从候机室登上飞机，无须借助其他中转交通工具。

项目地点／卢森堡卢森堡市
完成时间／2008年
项目面积／40 000平方米
摄影／安德烈·里贾纳，阿希姆索恩

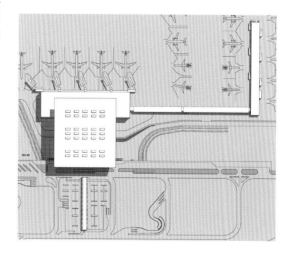

总平面图

横向剖面图

纵向剖面图

出港大厅

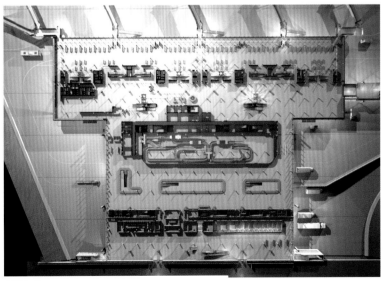

入港大厅

老年人之家

该项目与卢森堡盲人及弱视群体协会位于同一地点，在阿尔海克大街上有一个单独的入口。该建筑与现有的盲人之家的建筑形成了建筑群，两个机构可以共享配套设施及服务。

建筑理念为两个交错的矩形结构，中间由宽阔的中央通道分隔开。这一设计可以减少大厦的空间紧迫感并能引入自然光，并且楼梯间及升降机房为位于两侧的三层楼提供服务。建筑的底层有个双层的地下停车场。

建筑立面覆盖着红色及煤灰色石棉纤维水泥，窗户由涂灰色漆的铝窗框及双层封釉的净面玻璃构成。

楼梯井的整面墙都覆盖着比利时艺术家夏洛特·马查尔的彩色混凝土墙画作品。

项目地点 / 卢森堡梅尔施－贝尔施巴赫
完成时间 / 2007年
项目面积 / 6500平方米
摄影 / 安德烈·里贾纳

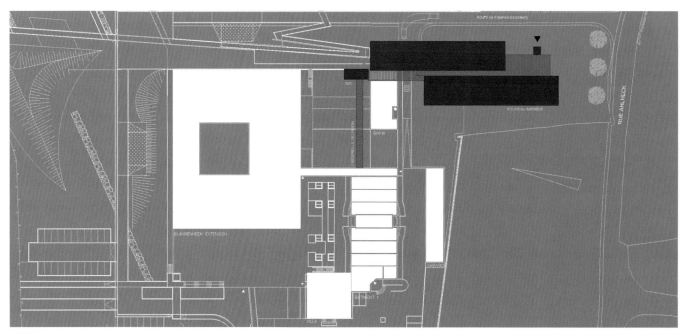

总平面图

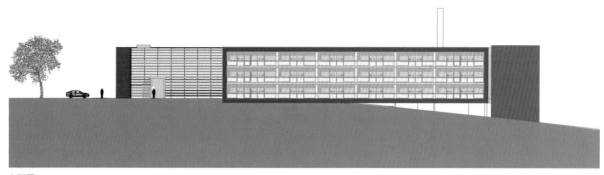

立面图

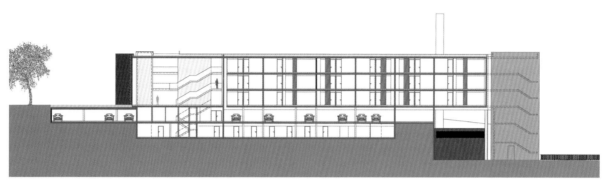

剖面图

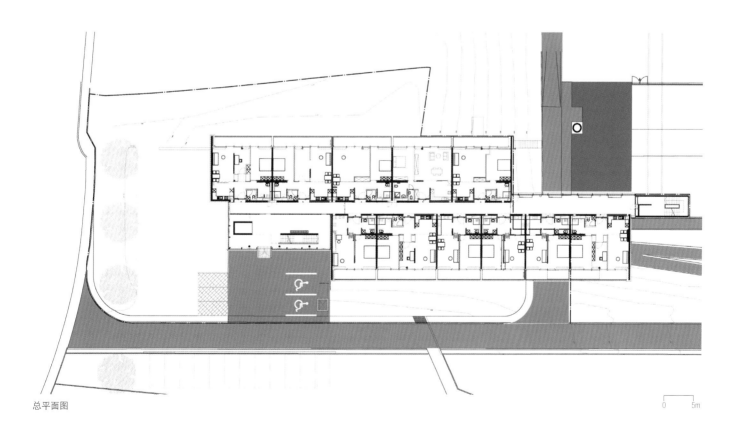

总平面图

0　　5m

格里门茨酒店

这个南向的酒店及公寓群位于高高的瑞士阿尔卑斯山脉上，建筑材料采用天然石材及当地特有的木材如落叶松等，这与阿尔卑斯山的传统高度一致。

在建筑结构方面，酒店狭长的外观及外表呈现出来的失重状态受到了缆车轨道的启发，与山腰无缝对接，形成了两辆车擦身而过的画面。两条"轨道"被一架可将顾客带往东西向房间及套房的小缆车操作室分隔开。酒店休息室、饭店、温泉及其他服务设施位于底层，形成了两个翼状的餐饮住宿区，该区还配备有寿司及滑雪吧。

项目主旨在于将建筑、照明、室内设计及周边自然环境融合成完美的整体。

公寓楼及小木屋采用了更为传统的立式厚木板，配置了阿尔卑斯风的滑动百叶窗及舒适的内部结构。

停车场、技术服务中心及储藏空间位于地下两层。

项目地点／瑞士格里门茨
完成时间／2007年
项目面积／15 000平方米
摄影／帕茨沃斯基与弗里奇建筑事务所

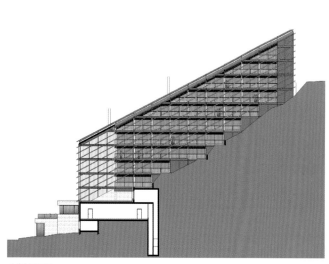

北侧立面图

东侧立面图

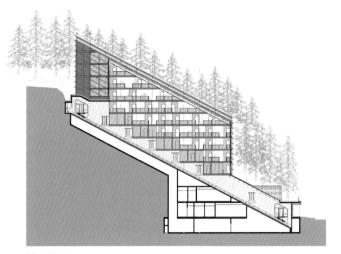

剖面图A-A

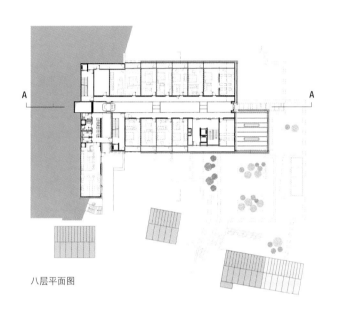

八层平面图

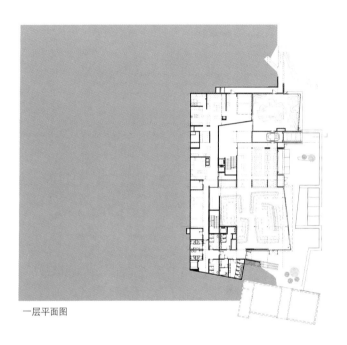

一层平面图

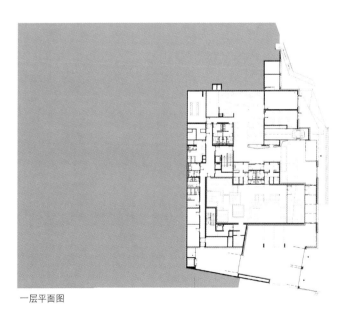

一层平面图

卢森堡市指挥部

该建筑毗邻博纳瓦环形公路，标志着与火车站周边区域的界限，并为该区域赋予了独特的特性。长而窄的场地形状需要将此建筑设计成120米长的有限宽度的线性布局，这使得内部空间分配面临严峻考验。

长长的立面根据朝向方位不同采用了三种不同的处理方式。沿着大马路的封釉前立面表面光滑，跟随街道曲线的改变而改变。沿着本德尔大街街角的圆形建筑形成盘绕的形状，效仿这条繁华街道的交通运转情况。与周围建筑使用的石质材料互补，面向内侧花园的立面设计则与之完全不同。这一面采用砖块结构并设有许多窗户，其中包括带有锌薄膜遮棚的弓形窗。第三立面位于建筑的南端，俯瞰这铁轨的方向形成一个扇形。太阳能板覆盖其上作为玻璃立面的防晒保护层。

场地狭长的形状并不是此项目面临的唯一局限性。一条穿过地基的铁路隧道以及一个地下停车场使得建筑施工情况变得复杂并具有挑战性。

项目地点 / 卢森堡卢森堡市
完成时间 / 2007年
项目面积 / 12 000平方米
摄影 / 安德烈·里贾纳，博赫丹·帕茨沃斯基

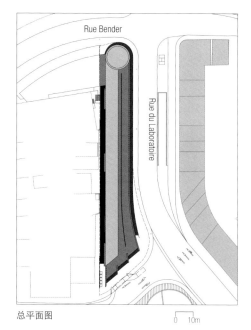

总平面图

0 10m

剖面图A-A

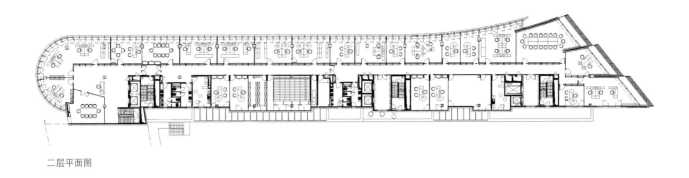

二层平面图

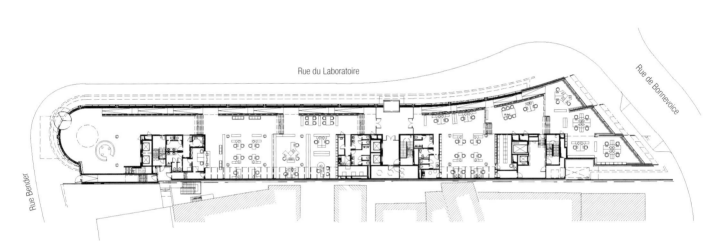

Rue du Laboratoire

Rue de Bonnevoice

Rue Bender

一层平面图

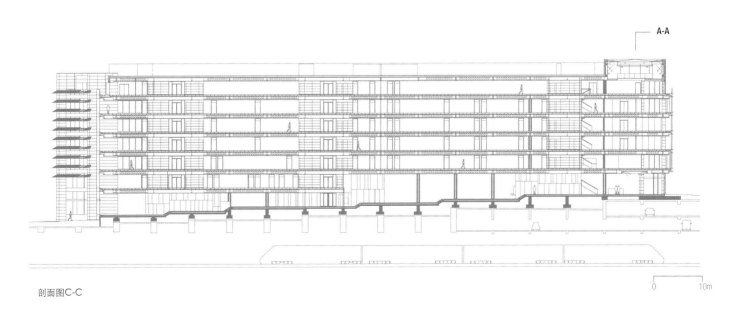

A-A

剖面图C-C

0   10m

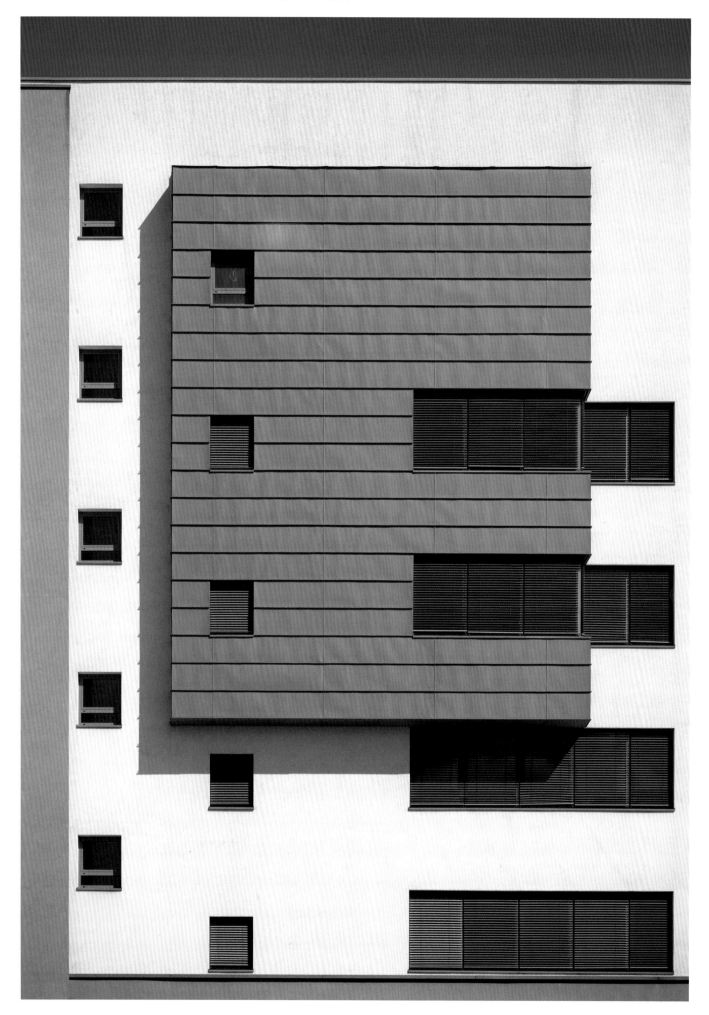

U住宅

房屋位于尼德芬兰区的拉美当地区，在基希贝格高原及机场附近。

房屋的建筑及布局方案取决于它所位于的山坡地块，可以俯瞰优美的风景，但周围被风格迥异的房屋所包围。在面向街道的一面，几乎空白的房屋立面可以保护居住者不受周围邻居视野的打扰，也可以让更多的房间能欣赏到周围的乡村风光。

房屋设计为两层，起居室设计在花园的同一层，而卧室则设计在底层。上下两层的房间通过一条沐浴在自然光中的宽阔的中央走廊相互连接。

房屋模块化的设计使其形状因模块的增加或减少而有所不同。房屋值得骄傲的部分就是可以镶嵌更多玻璃并能向外观看风景的露台、平台以及一个悬臂式的房间。面向乡村一侧的所有表面都是封釉玻璃材质的，侧面立面则通过小的横向框架的窗户进行采光。

用黑石膏粉刷外墙是一个明智之选，因为可以让房屋与周围景色以及附近多彩的建筑相融合。

一系列的承重墙将房屋牢牢地锁在场地上，并使之与倾斜的场地无缝连接。

项目地点 / 卢森堡拉美当
完成时间 / 2007年
项目面积 / 350平方米
摄影 / 安德烈・里贾纳

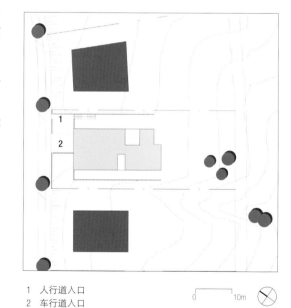

1 人行道入口
2 车行道入口

0   10m

总平面图

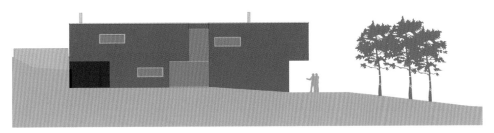

西侧立面图

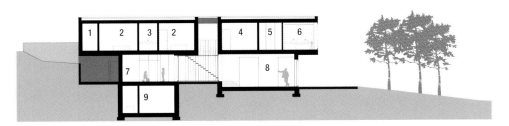

剖面图A-A

1 暖气房
2 客房
3 客房浴室
4 儿童房
5 主浴室
6 主卧
7 游戏室
8 起居室
9 地下室

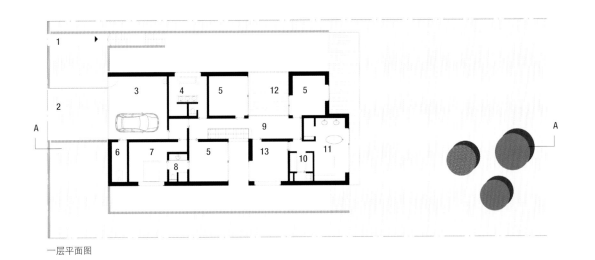

一层平面图

1 人行道入口
2 车行道入口
3 车库
4 儿童浴室
5 儿童卧室
6 暖气房
7 客房
8 客房浴室
9 走廊
10 衣帽间
11 主卧
12 平台
13 办公室

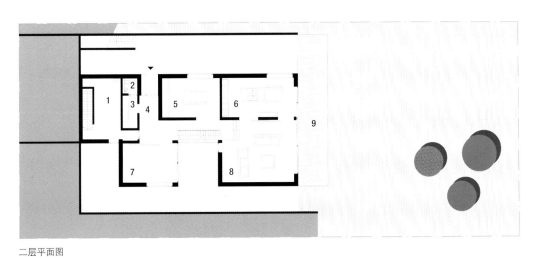

二层平面图

1 设备间
2 卫生间
3 衣帽间
4 入口
5 餐厅
6 厨房
7 游戏室
8 起居室
9 平台

0   5m

安子星辰住宅
及办公楼

该项目位于一个已经荒废数十年的区域，作为该场地内第一幢细致严谨的建筑，这个项目很符合严峻的城市发展规划。

该建筑包括底层大面积的办公区（如帕茨沃斯基与弗里奇建筑事务所），公寓遍布五层楼，停车场及酒窖位于地下室。

建筑立面覆盖天然石材灰色塞茵那石，并用凹陷或凸起的明线描绘。榫卯的材质是金属的，灰色及银色的热漆铝。双层封釉的窗户简洁而透明。

项目地点 / 卢森堡卢森堡市
完成时间 / 2006年
项目面积 / 4500平方米
摄影 / 安德烈·里贾纳

工作区
会议区
休息区
服务区
道路

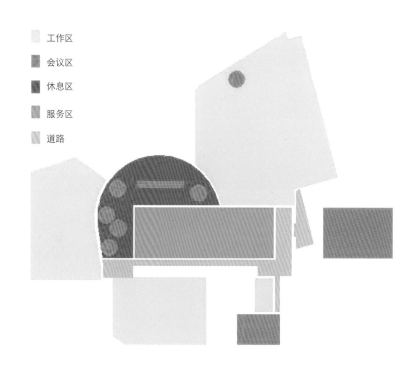

1 服务器机房
2 厨房
3 卫生间
4 接待处
5 衣帽间
6 会议室
7 露台

Mezzanine

一层平面图   12

Val ste croix

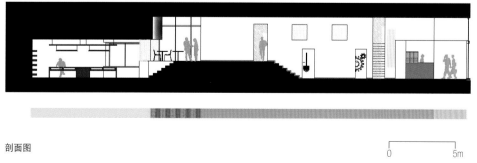

剖面图

0   5m

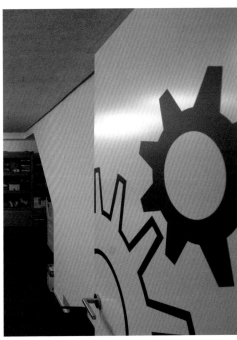

水 塔

水塔最初是由工程师弗朗索瓦埃纳比克设计并建造于1904年，在1934年被封存之前，每年都能贡献数以百万公升的水。森林市政当局于1956年买下了水塔并将之用来存放筑路设备，直至1986年将之卖给个人。1998年，飞利浦·索勒购得了水塔及其周围的建筑物并邀请我们绘制一张整修改建设计图。

该项目包括改建水塔，修建新的附属建筑以及两个新的住宅楼，沿着马可尼大街创造完整的临街景色。

水塔原有的建筑结构得到了保留。按最初的设计方案修复了水泥表面并填补了丢失的砖块。水槽及支撑结构被改造成一幢三层的带有屋顶平台的住宅区。

镶嵌在钢构架中的带有垂直支柱的玻璃面板以及弧状的横条纹代替了原有的水泥立面。钢铁及玻璃的和谐感保留了原有建筑的同一性特征，也保证了各个公寓在鸟瞰布鲁塞尔时可以有效的通风并得到良好的采光。金属薄片状的防晒板保护了建筑物免受阳光直射。

水塔的底座部分被设计为三层的建筑，其主入口及办公区位于底层。位于一层和二层的公寓房间可通过现存的螺旋楼梯到达，停车场、底层以及位于水塔内部的两间公寓则需要乘坐电梯方可到达。

附近的两幢大楼可以俯瞰位于上层的街屋公寓和位于底层的办公区。站在马可尼大街上可以通过两幢大楼中间4米宽的空隙以很独特的视角看到水塔。

为了保留水塔的工业特征，只有行人可达的铺砌好的内部庭院设置了许多被绿色植物覆盖的金属结构。

在设计庭院时，水流起到了关键作用。沿着外墙设计的雕塑喷泉的视觉及听觉效果强调了水的存在。水塔顶部的平台铺有马赛克风格的橡木装饰瓷砖。

项目地点 / 比利时布鲁塞尔
完成时间 / 2006年
项目面积 / 1800平方米
摄影 / 安德烈·里贾纳，劳伦特·布兰达伊斯

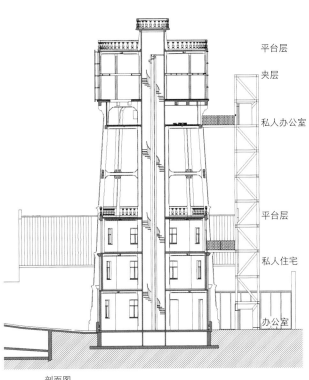

平台层

夹层

私人办公室

平台层

私人住宅

办公室

剖面图

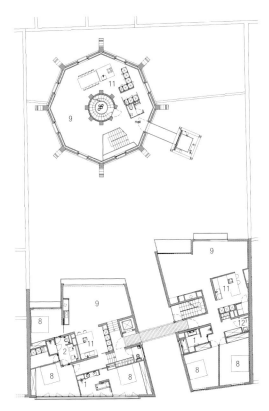

三层平面图

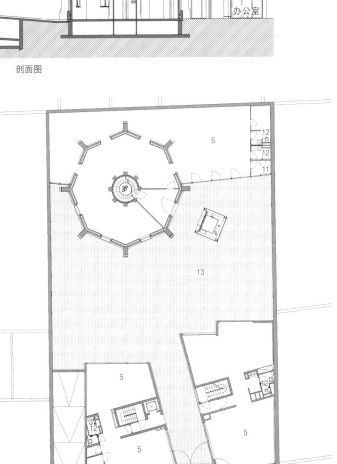

总平面图

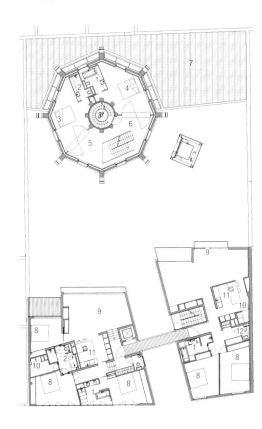

二层平面图

1	浴室	5	办公室	9	起居室	13	铺装庭院
2	浴室（淋浴）	6	大厅	10	设备间	14	通往电梯间的连廊
3	卧室1	7	屋顶	11	厨房	15	夹层
4	卧室2	8	卧室3	12	卫生间		

凯克特斯超级市场

该项目位于阿尔泽特河畔埃施，连接了一幢二层独户房屋及另一幢历史悠久的四层坦德尔房屋。超级市场的拱形屋顶作为中间过渡元素连接了这两幢完全不同风格的房屋。

该建筑在形式上由对称的裸露金属结构以及大片的超级市场风格的封釉立面构成，屋顶为桶状的钢铁及铝制结构。毗邻相邻房屋的周边部分则被设计成平坦的绿色屋顶和石头立面。

超级市场的入口和出口都位于广场上，位于超级市场的南向立面。该立面全部为封釉玻璃，使超级市场完全对外部世界"敞开"。超级市场内部为大型单个的采光良好的集市；圆形的屋顶使中间部分调高，并为顾客创造出一种自由和幸福的感觉。

建筑后方可直达地下停车场及仓库。

项目地点 / 卢森堡阿尔泽特河畔埃施
完成时间 / 2005年
项目面积 / 1000平方米
摄影 / 安德烈·里贾纳

街道远景

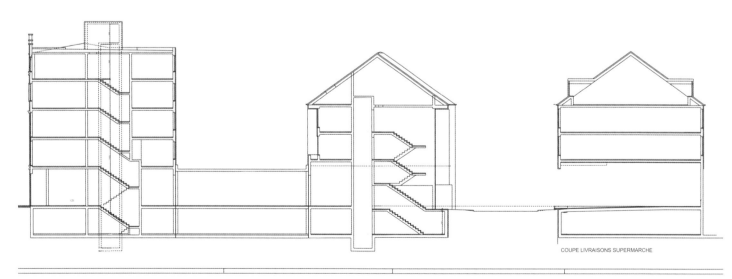

COUPE LIVRAISONS SUPERMARCHE

剖面图

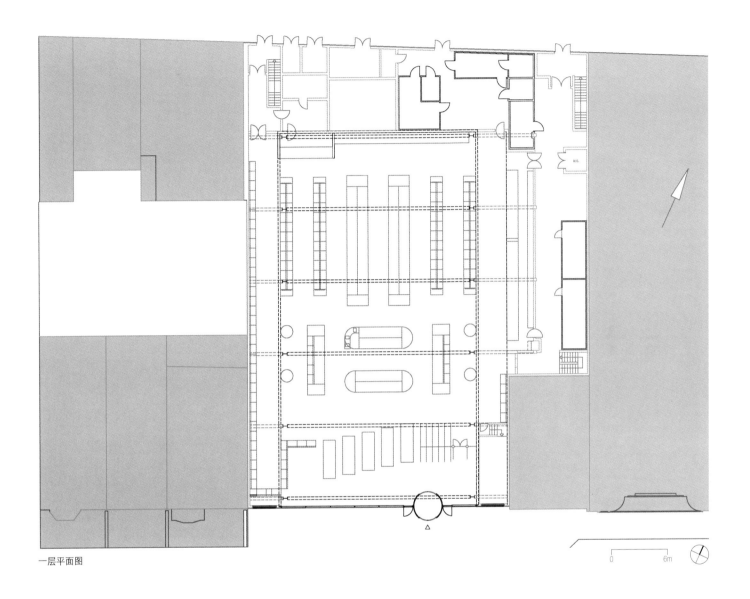

一层平面图

立面图

贝塞尔宅邸

宅邸的场地位于街道尽头陡峭的斜坡上，可以将周围的自然风光尽收眼底。这种自然情况也是激发设计灵感的主要元素，建筑的整体空间结构也侧重于对与周围风景的融合。地块的坡度迫使我们将所有的起居室都安置在底层。这样一来既不受街道过多影响又能欣赏周围的美景。这一层的下半部分采用水泥结构，上半部分采用玻璃材质，这样既立足于大地又能欣赏大自然的风光。

从街道的角度向内看，人们只能看到车库的水泥外墙，里面则是木质结构的卧室。里面材料的选择突出了不同空间不同功能的不同特点。人们可以想象得到通过入口可以从大街直接进入花园。在房屋内部，花园层被打造成一个独立的空间，厨房、起居室及书房相互自由渗透。简洁有限的材料种类产生了一种空间连续性。被设计成雕塑状的楼梯成了连接各个空间及楼层的桥梁。上层空间被设计成一间大的主人套房，两间带有浴室的儿童房以及一间装修良好的客房。

项目地点／卢森堡尼德芬兰埃姆斯特
完成时间／2013年
项目面积／600平方米
摄影／安德烈·里贾纳

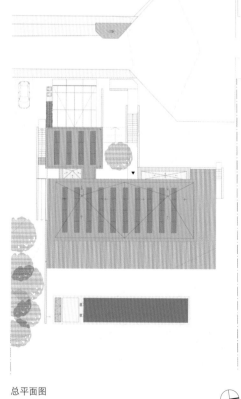

总平面图

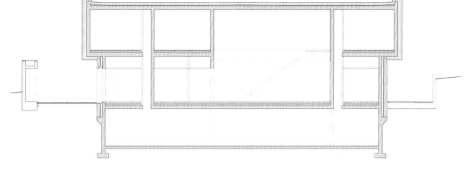

剖面图

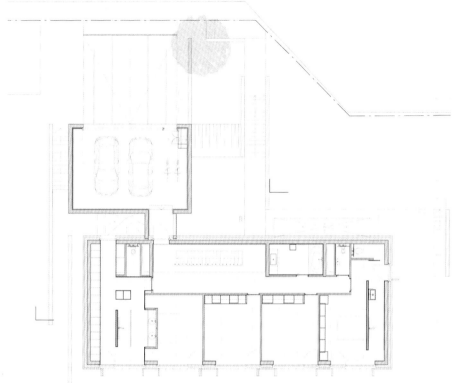

二层平面图

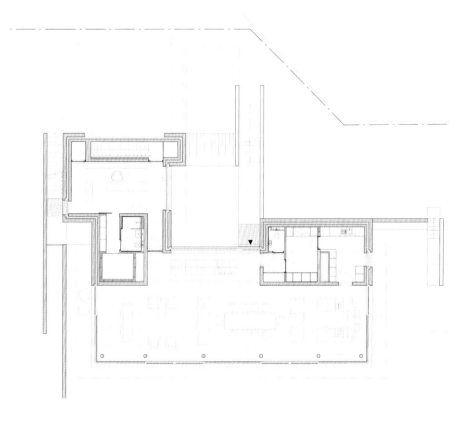

一层平面图

韦德尔特时装店

项目的设计并未试图改变店铺紧窄狭长的比例，而是在店铺内创造了一种"穿透感"的假象。

应用反光玻璃面板将更衣室隐藏在店铺后面的同时也加大了零售区的深度，同时也展示了外部街道的景像。

水平架子创造出的深度感及固定在天花板上的半透明的光漫射条创造出来的波浪感都深深地吸引着顾客来到店铺。

项目地点 / 卢森堡卢森堡市
完成时间 / 2003年
项目面积 / 46平方米
摄影 / Imedia

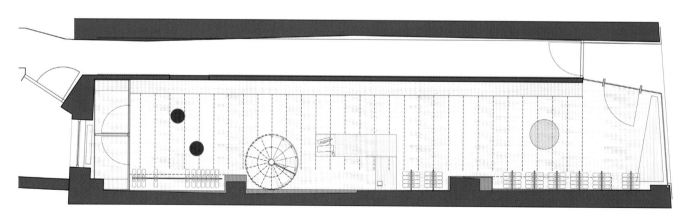

平面图

室内透视效果图

苏萨门火车站

项目主要目的是在现存的火车站内部建立一个枢纽，将一个国际高速火车站与新的城市地铁站相连。这片可以从四面八方进入并能在恶劣天气提供遮挡的类似于多功能商城的巨大空间分为上下两层，并延伸至通往火车站台的四个通道。它包括许多不同种类的设施，如超市、药房、书店、商店、饭店、展览区以及其他游客服务区，等等。

这个新型多功能城市基础设施（曾在国际比赛中获奖）将充满生气的12月18日广场与地铁和火车站连接起来，形成了类似于都灵传统拱廊的交会点。这些都使这座城市中心转变成了一个受欢迎的场所，为市民提供了遮风挡雨的场地，也为流浪者提供了避难所，正如沃尔特本杰明所说："城市现在变成了一处风景，一间房间。"

这个可以通过地铁四通八达的交通枢纽沿着一个线性轴延伸，还包括一个配备有酒店、公寓及写字间的摩天大楼。

项目地点 / 意大利都灵
完成时间 / 2002年
项目面积 / 50 000平方米
摄影 / 帕茨沃斯基与弗里奇建筑事务所

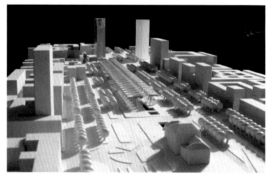

模型

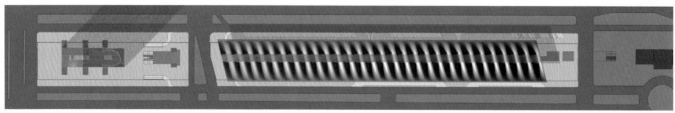

总平面图

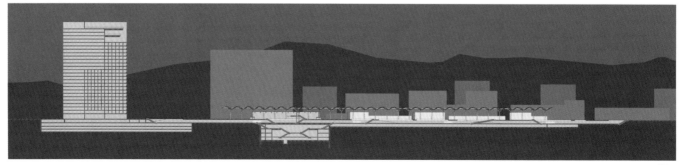

剖面图

屋顶平面图

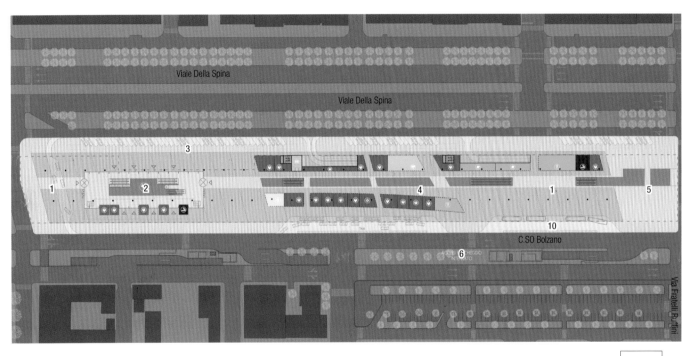

Viale Della Spina

Viale Della Spina

C.SO Bolzano

Via Fratelli Ruffini

一层平面图

0   25m

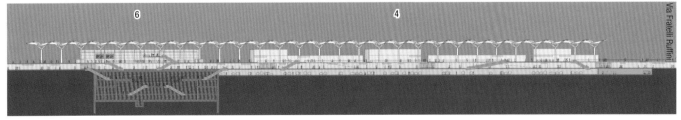

Via Fratelli Ruffini

剖面图

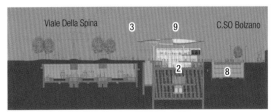

Viale Della Spina   C.SO Bolzano

横向剖面图

1	开放广场	7	屋顶
2	火车站大厅	8	原有停车场
3	储藏室	9	旅客建筑
4	商业画廊	10	公共汽车区
5	广场		
6	大都市车站		

0   25m

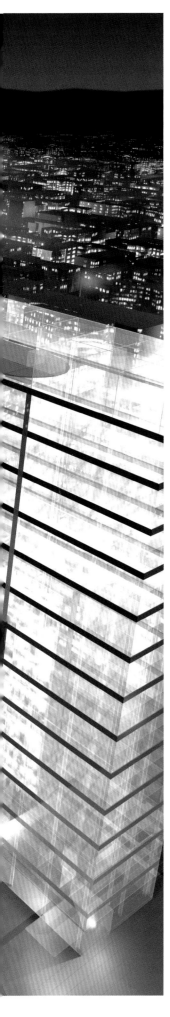

格莱达尔必翁酒店

该项目的三个因素——位于角落的位置、多种模式的写字间及住房以及兼具多功能性的有表现力的外观——决定了酒店的形状。

显著的体积及独特的色彩清晰地将这两个中间楼层与地面、底层及阁楼区别开来。

公用入口可以通往建筑物的所有部位，地下室配备有44个泊位的停车区。

该建筑类似于一个镶嵌在城市格局中的小型碎片，将办公区引入了城市综合体，并将这两种功能巧妙结合，避免产生一个尤其是在傍晚时分缺乏生机的公共空间。

项目地点／卢森堡梅尔
完成时间／2002年
项目面积／5100平方米
摄影／安德烈·里贾纳

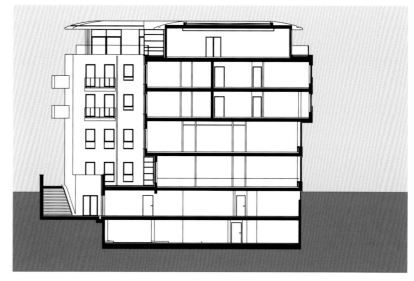

0   4m

剖面图

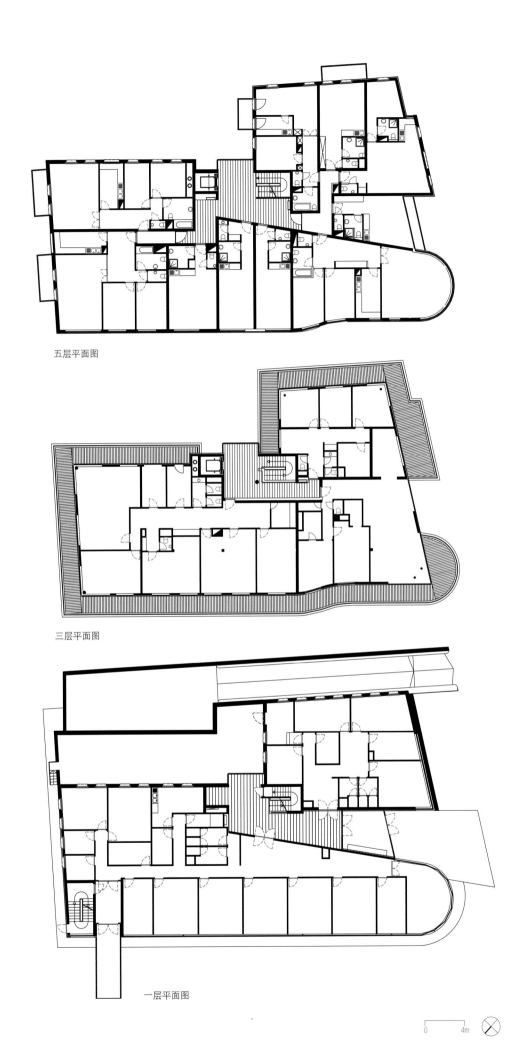

五层平面图

三层平面图

一层平面图

0   4m

169

岩盖

通过根据几何学规则设计这幢建筑来调整建筑体积与场地面积的关系，我们可以在不减少与客户约定的表面积的情况下根据不同场地的预期用途，将这些场地清晰地区分开来。这样的能力以及合理的空间使用率和对地面计划和立面的调整使我们能节约预算。

该建筑围绕着两个矩形庭院而建，使用现代建筑手法重新诠释了传统建筑元素，例如门廊、庭院以及窗户。门廊开在主要通道上，雄伟的外观从远处就清晰可见。与之紧密相邻的就是两个大厦的入口，由一个封釉的华盖相连。

两个庭院中较大的一个为主庭院，使用了石材铺地并对外界开放，另一个庭院则是大厦内部的覆盖性空间，为大厦内的员工创造了可以就近休息的花园区域。在大厦的东西立面，两个有柱廊的光阑俯瞰着周围区域。然而从外部向内看时，人们只能瞥到玻璃面的观光电梯上上下下。

双层带模块结构的立面可以调整大厦内的温度，并在室外形成和谐的包层，创造出中庸的背景并突出大厦的经典建筑特点，即门廊和柱廊的外观。

由于项目本身的许多局限，在项目建设中最重要的因素就是客户与建筑师之间的相互理解与尊重。

项目地点 / 卢森堡克罗什多尔
完成时间 / 2002年
项目面积 / 13 400平方米
摄影 / 安德烈·里贾纳，帕斯夸里·安吉里略

剖面图

二层平面图

一层平面图

霍伦菲斯校舍

这个乡村学校内新的建筑物是建于20世纪60年代的原有学校的扩张。

决定以这样的方式扩建校舍，与其说是扩建原有的建筑物，不如说是在两幢大楼中间新建一个"操场"。

从建筑学角度来讲，建筑的目的是在处于同一条街深处的古堡与新学校间建立一种视觉联系，类似于一个顶部带有"露天教室"的塔。

该项目包含中间被几个计算机工作台隔开的两间教室，一间位于一层的教员室（或额外教室），以及衣帽间还有地下停车场和储藏间。

扩建部分全部采用天然材料：塔身采用石材，观景窗采用木材及透明玻璃，教室的拱形屋顶则采用锌板。

一小段带有专为轮椅使用的斜坡的阶梯可以从操场直通楼内，并且这里还可以充当阶梯教室使用。阶梯的深度和宽度都足以供观众就坐。

项目地点 / 卢森堡霍伦菲斯
完成时间 / 2001年
项目面积 / 815平方米
摄影 / 安德烈·里贾纳

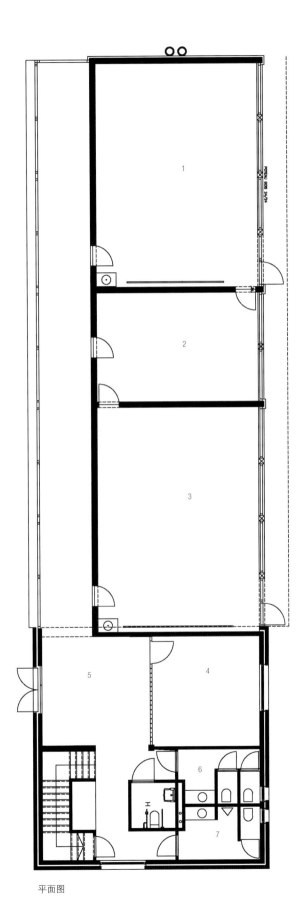

1　教室1
2　实践室
3　教室2
4　教师室
5　大厅
6　女子卫生间
7　男子卫生间

平面图

艾尔高夫中心

这座用于出租的办公楼最初的设计主旨是为卢森堡芬德尔机场前广场修建东侧的临街地界，因此项目被构思为一个长的屏幕。但为了体现出不同分段各自的特色，包括现存的酒店在内的一些连续的小型结构为该项目带来了生气。

后来，该项目缩减成为一幢分为三个区段的跨度较小的建筑物，内部设置两个全高度的中庭以及位于建筑主体角落的两个区段。一个绿色立方体附加物从主建筑的一角探出，使得整个立面及前院显得很有活力。

项目地点 / 卢森堡芬德尔
完成时间 / 2000年
项目面积 / 13 600平方米
摄影 / 安德烈·里贾纳

鸟瞰图

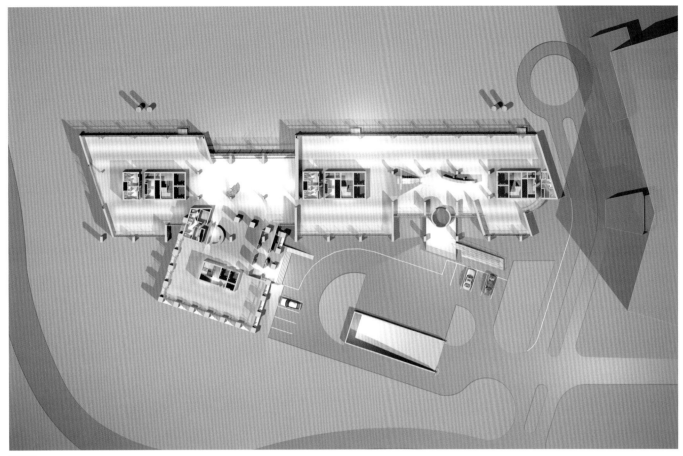

平面图

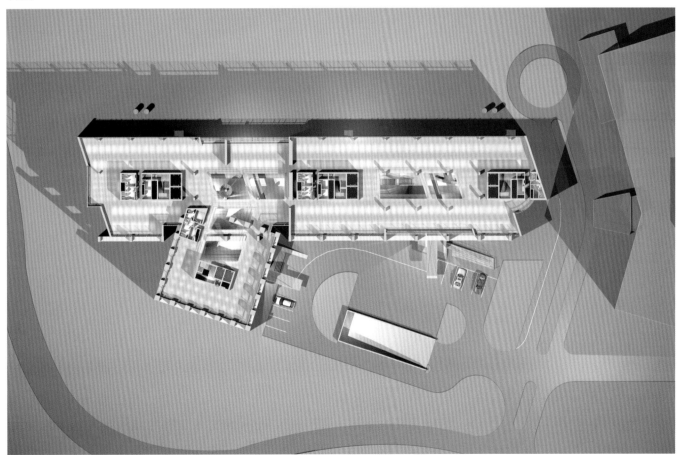

平面图

洛里昂港改建

在第二次世界大战期间，洛里昂是德国与联军进行大西洋战争的关键性重要战略港口。德国海军在柯罗曼建立了潜艇中心，远眺洛里昂港，并于1941—1943年在此建立了三个巨大的碉堡。法国海军的大西洋潜艇中队ESMAT在战后使用了这一基地，但在1997年海军废弃了这个基地并将其移交回民防当局。鉴于拆除这三个碉堡的高额费用以及他们的历史价值，洛里昂区当局举办了一场国际比赛，通过招标的形式将柯罗曼改造成工业及旅游业园区。

该项目的初衷是保护并展示该地区的独特传统并赋予其新的生命及意义。这个位置的战略特色就是广阔的狭长地带，旧时用来隔开潜艇基地与渔船港口，现在则作为港口和新区之间的接合点。

该项目现将这个接合点用于连接圆形的潜艇广场与海角的尖端，包括一条机动车道及行人步道以及一些新建筑，合并了一个横跨整个长度的行人过街天桥，以一个缓缓的坡度上升至一个20米高的全景平台，参观者们可以在此看到洛里昂港的全貌。

大部分的新建筑物也都是沿着这个轴线建造的，将其他区域留作日后开发。新大厦被建造成了一个细长的条状，7层高10米宽，封釉玻璃立面面向东北方向的港口以避免暴露在日光直射下。封釉的带状结构抵消了碉堡的雕塑形式，并与之形状和材质形成了鲜明对比。

一个宽敞的人行漫步道沿着特尔河堤岸延伸。步道面向西南方向，可以看到整个港口的风景以及翠绿的拉尔莫普拉格海岸线，是一处绝佳的人行漫步道。步道被用来拴住各类小船，并且两侧还种了三行观赏乔木。沿着人行漫步道点缀了很多独立的二层建筑，包括商店、咖啡厅、饭店以及船公司。

该园区完美避开了来自拉尔莫普拉格的疾风，并将内陆的绿色植物与海景相互融合。

项目地点 / 法国洛里昂柯罗曼
完成时间 / 1999年
项目面积 / 55 000平方米
摄影 / 帕茨沃斯基与弗里奇建筑事务所

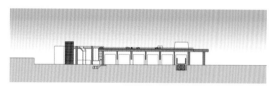

剖面图A

剖面图B

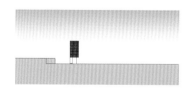

剖面图C

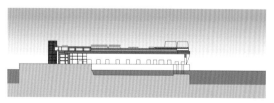

剖面图D

0   1900m

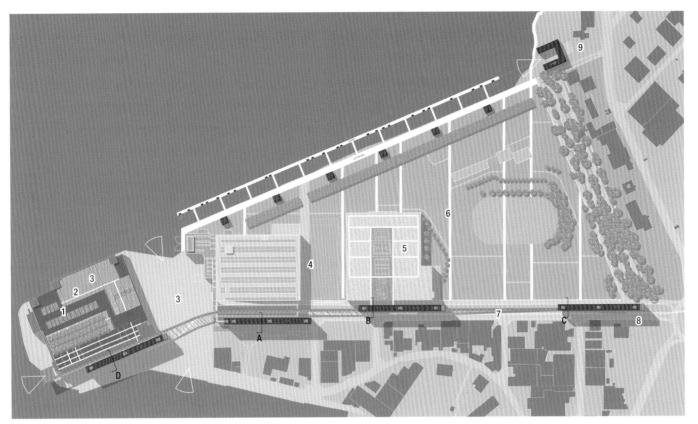

总平面图

1	花园	4	工业通道	7	人行廊桥
2	连廊	5	运动草坪	8	火车站
3	"双水"广场	6	人行道	9	塔巴利学会

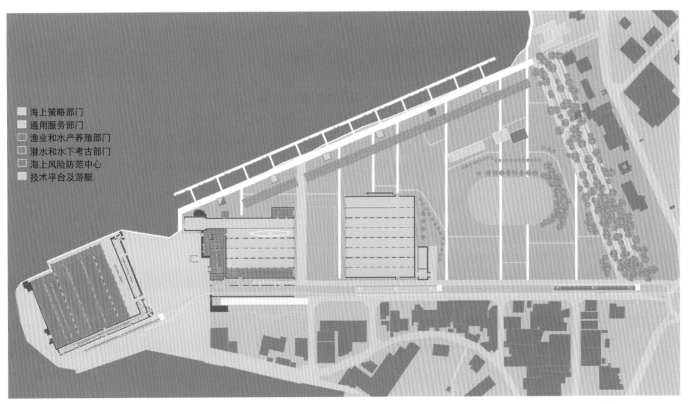

■ 海上策略部门
■ 通用服务部门
□ 渔业和水产养殖部门
□ 潜水和水下考古部门
□ 海上风险防范中心
■ 技术平台及游艇

活动区组织结构图

0   1900m

特里多斯宅邸

这三幢独立的公寓楼建造在一个共用的地下车库上，由36个单元构成。匀称的轮廓，规则的间隔，适度的规模，发光的白墙，最后但同样重要的是它的可购性，有意识或无意识地向最早的现代主义建筑师们提出的形式纯净性致敬。

建筑物的极度紧凑性减少了外表面积，并将内部走廊的长度缩减到最短，因此将每平方米的建筑造价控制在了1000欧元以下。

底层公寓位于夹层，通往地下停车场平坦的屋顶形成的露台，延长了地块的长度并被分割成单独的花园区域。

每一层都被设计成共用一部中心楼梯的四个住宅。这些住宅位于大厦的四角，每间公寓都有可以望向两个不同方向的窗户以及阳台。公寓的面积接近80平方米，这是由本地需求所决定的。并且在必要的时候，大楼的整体结构允许每两间公寓都可以合并成一个单独的住所。

项目地点 / 卢森堡诺伊多夫
完成时间 / 1999年
项目面积 / 5500平方米
摄影 / 安德烈·里贾纳

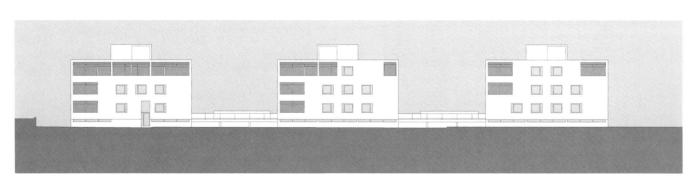

西北侧立面图

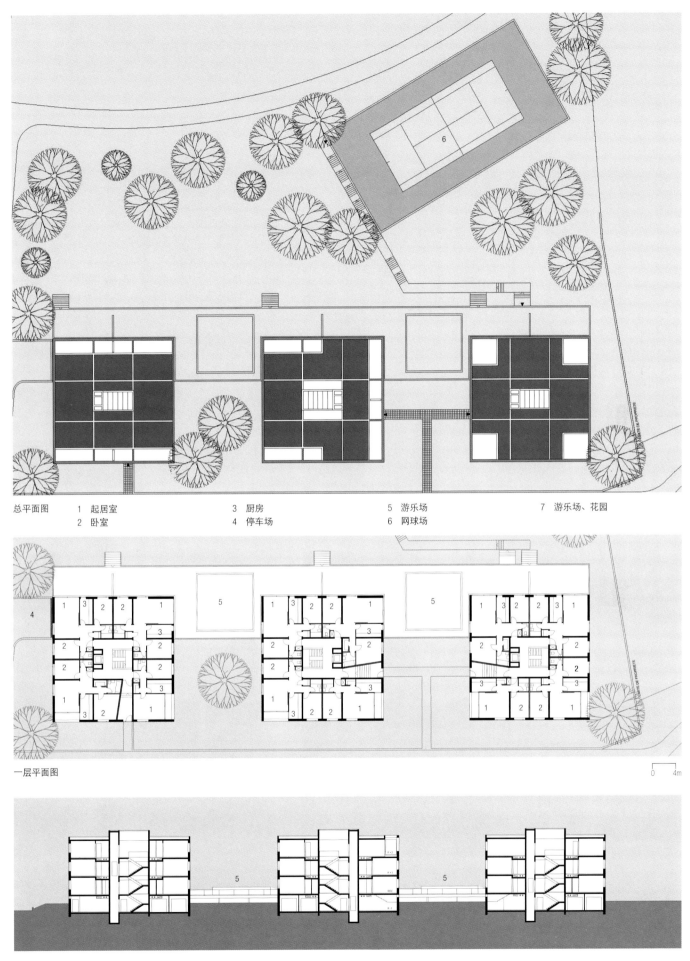

总平面图　　1　起居室　　　　　3　厨房　　　　　5　游乐场　　　　　7　游乐场、花园
　　　　　　2　卧室　　　　　　4　停车场　　　　6　网球场

一层平面图　　　　　　　　　　　　　　　　　　　　　　　　　　　　　　　0　　4m

剖面图

卢森堡柏林爱乐厅

项目设计遇到了几个关键性的挑战：在建筑物及周围场地间建立清晰和谐的联系；既需要创造容纳多种演出规模和观众观看的空间，又要为管弦乐队日常工作预留工作空间，还要为这座城市里最重要的文化中心设计一个与其地位相当的整体形象。

建筑的结构取决于场地的两个地形学特点：城市中轴线约翰肯尼迪大街及其周围建筑物以及倾斜的指向三角形艺术广场的南北向轴线将场地分为东西两个部分。这启发了建筑师们将建筑设计成两个互相协调的旋转状的建筑——一个为与城市街道格式网格相一致的矩形，另一个则是椭圆形的建筑，包裹着矩形并与广场对角线相一致。

这种结合性的构造还标志着项目的功能分区，这不仅是一个音乐厅，更是一个交响乐团的家，一个日常工作场所，因此还必须为音乐家们提供绝佳的条件来调节他们的身体、专业及心理状况。

位于大堂公共区域的立面大部分为封釉玻璃结构并朝向西方，使艺术广场的公共区域更活泼有趣，通往宾馆和博物馆的方向。而"音乐家""中心"则位于大厦的另一端，立面朝东，面向广场。两个用于管弦乐和室内乐演奏的音乐厅位于上述两个区域中间，既可通向一端的公共区域，也能通向另一端的音乐家和技术人员中心。

面向约翰肯尼迪大街有一个大型的入口，可用于接待来访者并作为音乐会前后的集会区。

基于矩形"鞋盒状"设计的拥有1500个座位的音乐厅配备了多种音响系统，音乐厅形成了一个音响空间，通过调整周围安装的可移动的屏幕进行分隔并调整不同使用情况下的混响时间，例如独奏音乐会、大型管弦音乐会、风琴演奏会或其他，等等。（该项目在国际大赛中获得了二等奖。）

项目地点 / 卢森堡基希贝格
完成时间 / 1997年
项目面积 / 19 000平方米
摄影 / Imedia

总平面图

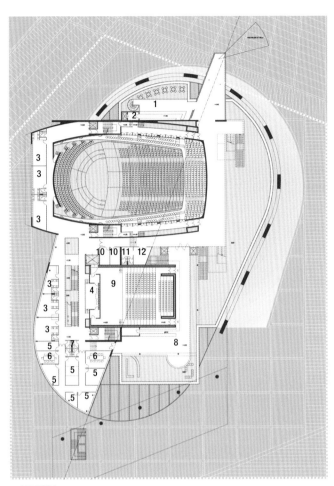

1　酒吧
2　储藏间
3　更衣室
4　后台
5　办公室
6　会议室
7　卫生间
8　休息室
9　音乐厅
10　储藏间
11　服饰间
12　沙龙

二层平面图

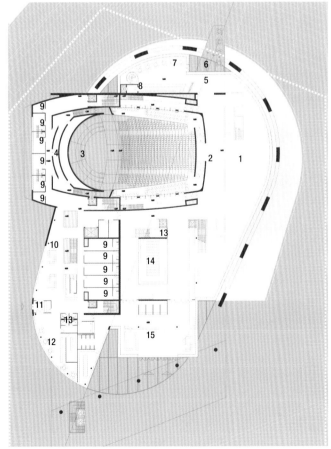

1　大堂
2　入口
3　乐队
4　设备区入口
5　入口
6　入口
7　酒吧
8　储藏间
9　后台
10　艺术家大厅
11　入口控制
12　咖啡厅
13　卫生间
14　服饰间
15　接待大厅

一层平面图

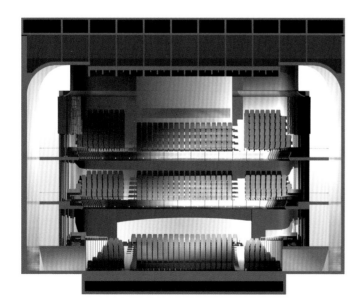

看台区剖面图

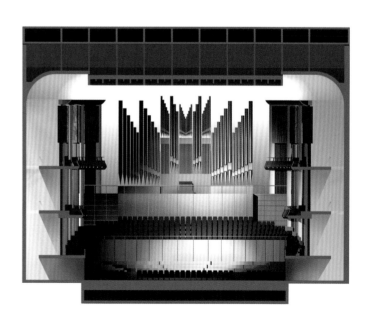

舞台区剖面图

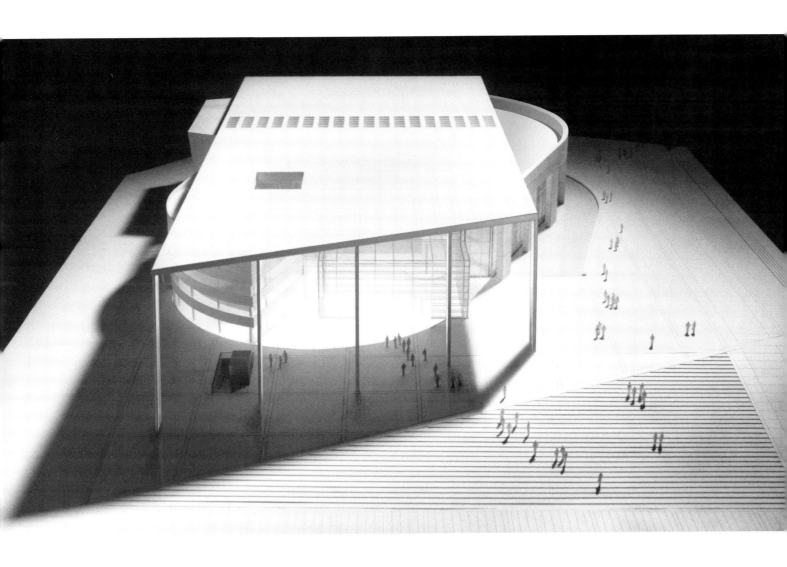

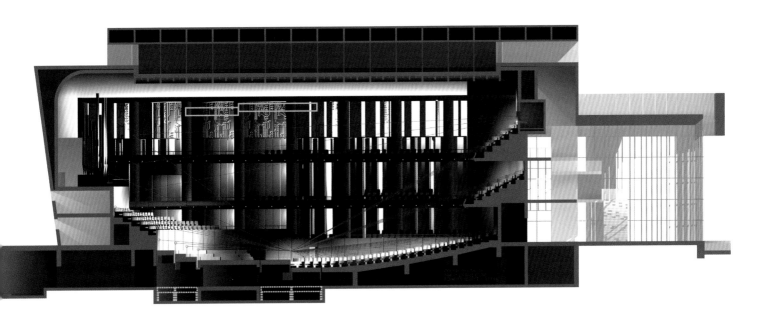

纵向剖面图

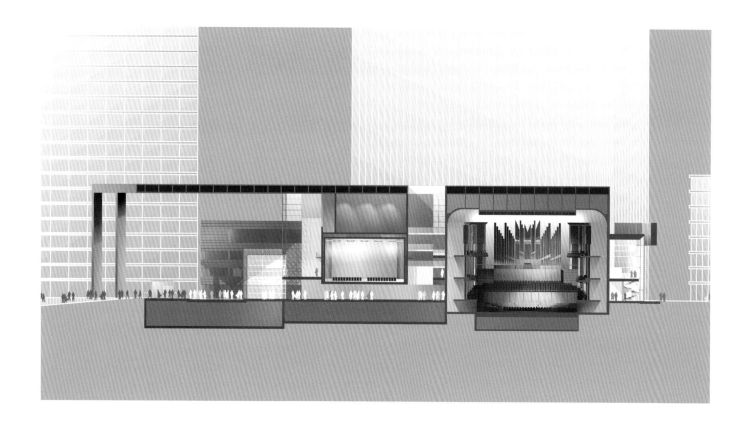

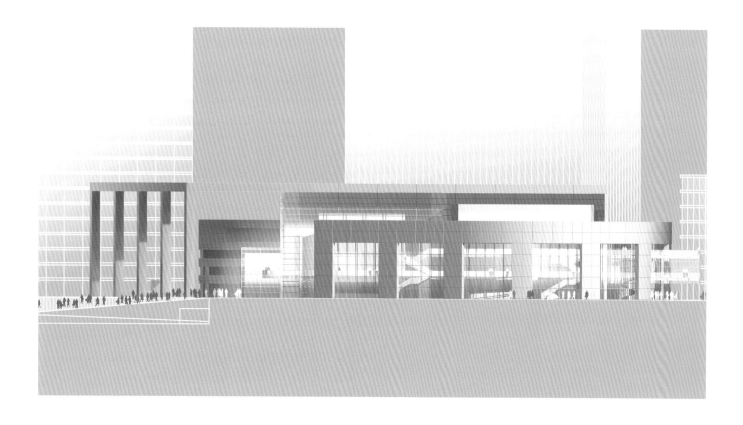

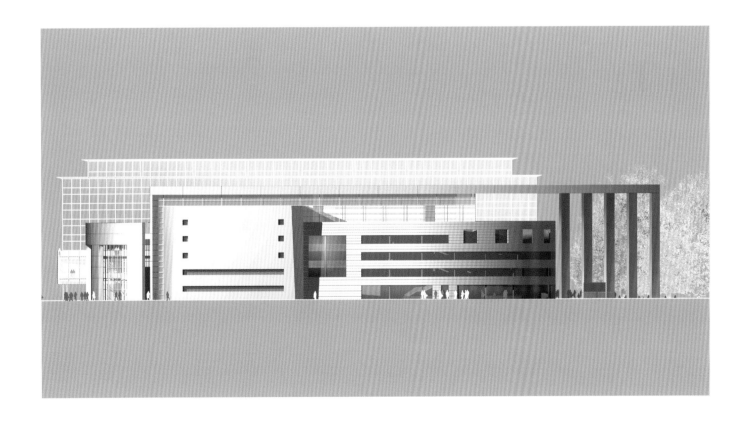

皇家大道

建筑的宗旨不只是设计著名的建筑物，也在于为人们创造可以居住或工作的环境。有的时候会遇到一些困难，例如改造现有场地，合并新的增加物以及考虑周围环境及历史。

皇家大道的近代史就是以牺牲建筑文物为代价的高速改造过程。我们想为过去留下一点儿小小的纪念：角落里的塔楼，既是该大道的地标之一，也可以将人们的目光指向山谷的远景。

然而，该项目最显著的特色就是它的转角。弯曲透明的立面柔软的包裹着皇家大道及科特迪西结合处的尖角。该大厦标志着现代城市的边界，从夏洛特桥、基希贝格高原以及帕芬莎区都可以清晰地看到该大厦。

该项目在1992年获得了非公开比赛的奖项。

项目地点／卢森堡卢森堡市
完成时间／1997年
项目面积／2400平方米
摄影／安德烈·里贾纳，博赫丹·帕茨沃斯基

1　平台
2　办公室
3　中庭
4　接待处
5　设备空间
6　道路

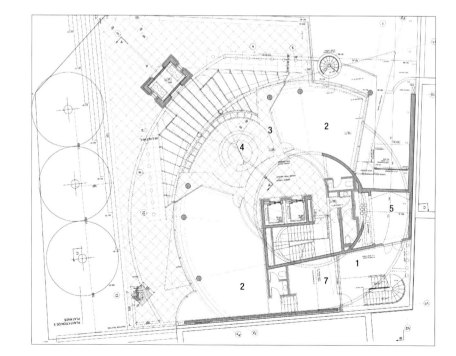

总平面图

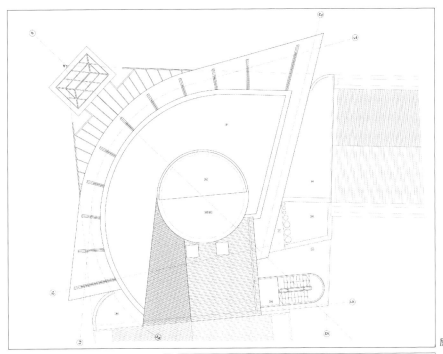

屋顶平面图

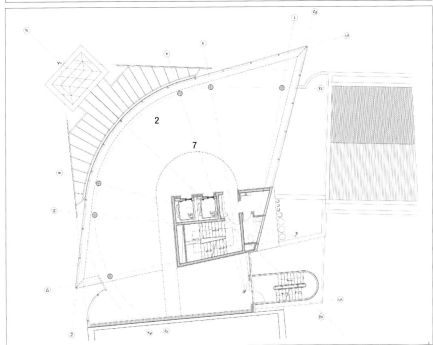

八层平面图

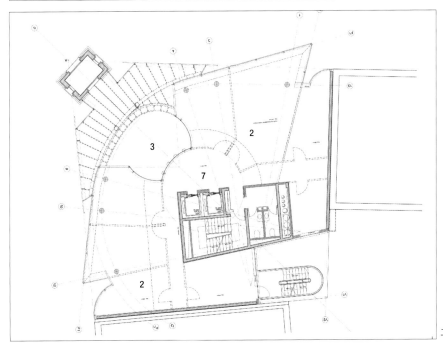

二层平面图

欧盟法庭延伸建筑

欧盟法庭建立于1952年，是永久地驻扎在卢森堡的欧盟机构之一，并于1973年搬入了自有建筑。由于它的显赫地位、纪念碑和寺庙状的结构以及与众不同的耐蚀钢外观，该建筑已然成为基希贝格高原上的地标，它的地位相对于正常的行政楼而言更像一个宫殿。

这座标志性建筑的延伸工程基于几个前提：建筑的主导地位及与周围环境的关系不能遭到破坏或妨碍；原有立面不能被遮盖——这座"宫殿"必须从各个方位都能清晰可见并且窗外的风景不能受到任何阻挡。

考虑到场地的地形，我们最终决定为法院设置一个由低层建筑构成的坚固的石材基地。这些建筑都是2—3层楼高，沿着小天井周围分布，包含一些办公室及小的法庭：类似于宫殿脚下的地势较低的不高于休闲步道的城市群。建筑立面选用明亮的玫瑰花色的红花岗岩，与锈迹斑斑的耐蚀钢形成的温暖基调很相配。一条隧道将延伸建筑的入口大厅与主楼电梯和自动扶梯相连。

第二幢延伸建筑被用作一个较大的法庭，被与众不同的封釉门厅的曲面包裹在内，外立面覆盖着防晒材料。

第三幢延伸建筑距离原建筑100米远，集中在一个稍高但是更为紧凑的带有四个炮塔的立方体结构中。这个类似于城堡的形状暗示了其作为通往基希贝格高原和法庭的门户，转而通向了红桥及卢森堡市中心。位于这座建筑中心方形内庭下方是一个巨大的拥有200个坐席的法庭。这个法庭与其他延伸部位中的法庭一样配备了同声传译室。

项目地点 / 卢森堡基希贝格
完成时间 / 1994年
项目面积 / 77000平方米
摄影 / 博赫丹·帕茨沃斯基

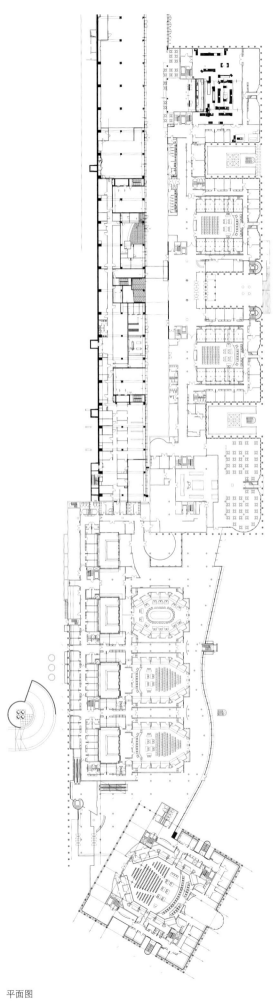

平面图

卢森堡博览会南入口
（1992）

项目的初始想法是通过位于行政办公楼底层的售票处之间设置入口来完成展会及会议中心的南段部分。后来，为了只建造一层连接建筑来连接展厅的两翼，这一想法被放弃了。设计师们在三个票亭间设置几个入口，这些入口都设置在一个巨大的华盖之下。

为了确保这个小型结构能与其他建筑区分开并成为场地内的焦点，设计师们应用了特殊的技术，这些入口当然也明显地包括在内。与现存的长方体结构相反，圆形的入口走廊及票亭都覆盖着卡基式的波纹铝板，沿着入口走廊垂直方向延伸着水平环绕着票亭的螺纹。

走廊与众不同的弯曲扁平形状创造出一种室内外视觉隔离的效果，引导参观者走入巨大的展区。笼罩在悬臂式华盖下的前院创造出了一种欢迎的氛围。

项目地点 / 卢森堡基希贝格
完成时间 / 1992年
项目面积 / 1840平方米
摄影 / 安德烈·里贾纳，博赫丹·帕茨沃斯基

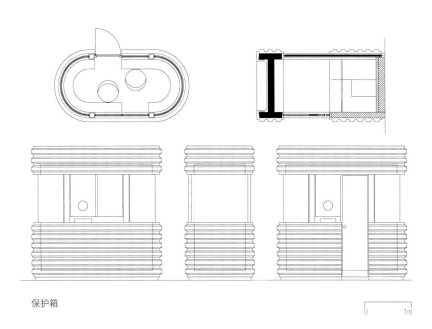

保护箱

0   1m

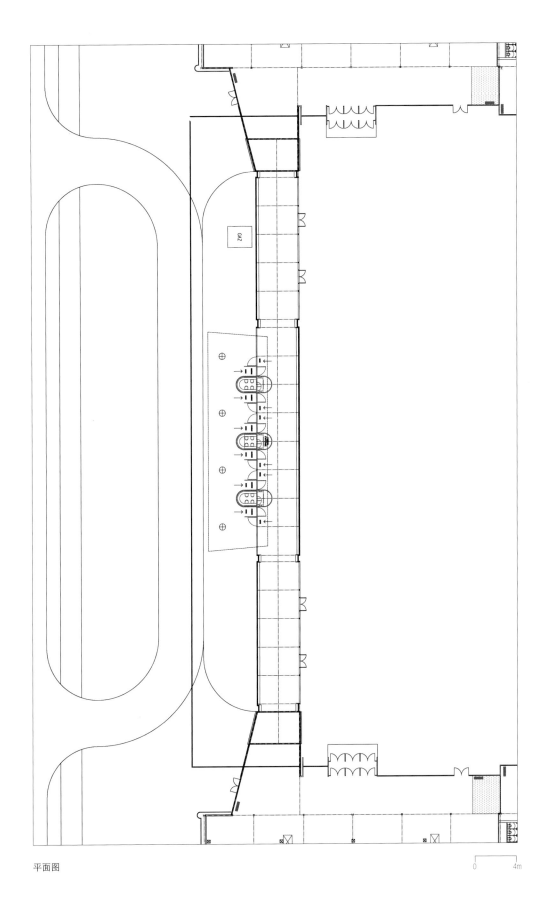

平面图

0   4m

1992年世博会
卢森堡展馆

展馆的三个关键特征为清晰可见的钢结构框架、建筑顶部的卫星天线以及整体斜平面系统。从建筑外即可看到从底层一直延伸到顶层的斜面以及一系列占据展馆内部空间的倾斜表面。

这三种元素象征着卢森堡生活中三种重要要素：钢铁工业、通信行业以及国家积极发展的上升趋势。

卢森堡展馆着意展示这个国家的历史、风景、人口文化的多样化以及国家自己的文化。这个小小的国家在地理上位于法国、德国和比利时三国的中间，注定将在未来的欧洲共同市场及欧盟的建设中起到举足轻重的地步。

一座观光电梯可以将参观者运送到顶层的咖啡厅并经过被倾斜斜坡所围绕的展馆的不同区域。

展馆由巴黎拉维莱特大展厅的项目组负责设计，作为项目闪光点的浑天仪则是以画连环漫画而著名的布鲁塞尔艺术家弗朗索瓦·舒坦的杰作。

项目地点 / 西班牙塞维利亚
完成时间 / 1992年（1990年竞标成功）
项目面积 / 3500平方米
摄影 / Imedia

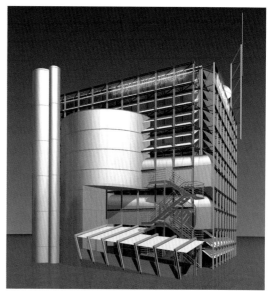

3D模型

244

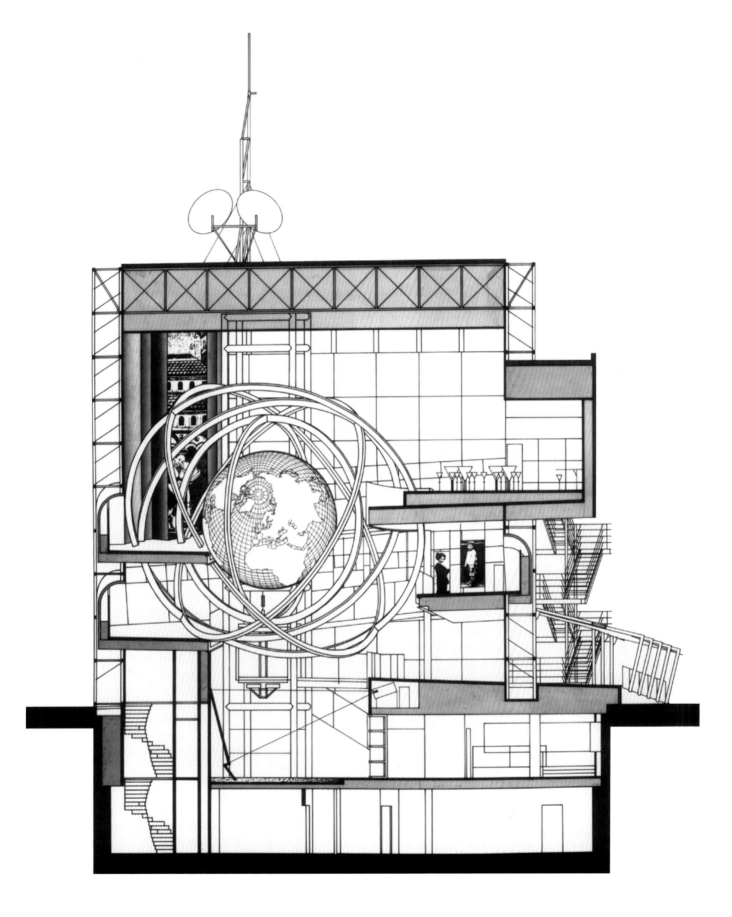

剖面图

项目索引